U0640891

高等职业教育"新形态"
精品系列教材·汽车类

汽车电气与智能系统

主　编　方晓汾　朱剑宝
副主编　袁　琼　武春龙　张正中

北京理工大学出版社
BEIJING INSTITUTE OF TECHNOLOGY PRESS

内 容 简 介

本书结合国内汽车类专业、行业、企业岗位的迫切需求，将汽车电器设备新技术、车载智能技术等内容项目化，全面系统地解析传统汽车电器设备、智能控制、车联网等关键技术。每个项目从实际需求出发，将知识获取、技能培养、素养构建有机融合，将原理、结构、应用等进行全面剖析。

本书可供汽车行业的工程技术人员以及汽车类相关专业，特别是应用型汽车类本科和高职院校汽车类专业用作教材或相关专业培训教材，也可供汽车爱好者学习之用。

图书在版编目（CIP）数据

汽车电气与智能系统 / 方晓汾，朱剑宝主编. —北京：北京理工大学出版社，2020.8（2020.9 重印）

ISBN 978 – 7 – 5682 – 8834 – 7

Ⅰ. ①汽… Ⅱ. ①方… ②朱… Ⅲ. ①汽车 – 电气设备 – 高等学校 – 教材 ②智能控制 – 汽车 – 高等学校 – 教材 Ⅳ. ①U46

中国版本图书馆 CIP 数据核字（2020）第 142934 号

出版发行 / 北京理工大学出版社有限责任公司

社　　址 / 北京市海淀区中关村南大街 5 号

邮　　编 / 100081

电　　话 / （010）68914775（总编室）

　　　　　（010）82562903（教材售后服务热线）

　　　　　（010）68948351（其他图书服务热线）

网　　址 / http://www.bitpress.com.cn

经　　销 / 全国各地新华书店

印　　刷 / 三河市天利华印刷装订有限公司

开　　本 / 787 毫米 × 1092 毫米　1/16

印　　张 / 11.5

彩　　插 / 1　　　　　　　　　　　　　　　　责任编辑 / 梁铜华

字　　数 / 270 千字　　　　　　　　　　　　文案编辑 / 梁铜华

版　　次 / 2020 年 8 月第 1 版　2020 年 9 月第 2 次印刷　　责任校对 / 周瑞红

定　　价 / 36.00 元　　　　　　　　　　　　责任印制 / 李志强

编　委

方晓汾　衢州职业技术学院

朱剑宝　福建船政交通职业学院

袁　琼　重庆工业职业技术学院

钟文浩　惠州经济职业技术学院

张正中　金华职业技术学院

武春龙　河北工业大学

张　勇　东北石油大学

唐　鹏　重庆工业职业技术学院

朱　昀　衢州欧龙汽车有限公司

纪英诗　衢州欧龙汽车有限公司

陈先亮　东莞职业技术学院

王兴强　北京车之家信息技术公司

黄　磊　爱柯迪股份有限公司

郑黄鸿　衢州宝驿汽车服务有限公司

陈晓勇　衢州福特 4S 店

毕少平　浙江中通汽车销售服务有限公司

陈乐凯　温州滨海中升雷克萨斯汽车销售有限公司

钱忠源　江苏康众汽配有限公司

胡旭峰　衢州市柯城尚诚汽车服务中心

叶　娜　温州华能达汽车销售服务有限公司

胡林才　58 金融福州分公司

吴志平　衢州市柯城平信工程机械维修部

姜双智　金华市东风汽车技术服务站

前　言

　　遵循工程教育中的"新工科建设"培养创新人才，赋能未来。在此背景下，现代汽车不再仅仅是简单的代步工具，已同时具备了交通、娱乐、办公和通信等多种功能，汽车的电子化已经进入数字化、智能化阶段，电子技术的快速发展，为汽车向电子化、智能化、网络化、多媒体的方向发展创造了条件。国家正在实施创新驱动发展、"中国制造 2025"、"互联网＋"、"网络强国"等重大战略，为响应国家战略需求，支撑服务以新技术、新业态、新产业、新模式为特点的新经济蓬勃发展，突破核心关键技术，构筑先发优势，在未来全球创新生态系统中占据战略制高点，迫切需要培养大批新兴工程科技人才，为加快建设和发展新工科奠定了良好基础。本书按照新工科工程教育的培养模式和基本特点，以培养高技术应用型专门人才为出发点，以适应社会需要为目标，将纸质素材和数字化素材进行了结合，获得了校企合作开发课程项目"汽车电器设备与维修"（编号：XQKC201611）的支持。

　　本书内容包括五个项目。项目一，主要以传统内燃机汽车电器设备结构、电路图以及典型故障类型为出发点，内容涵盖汽车电源、起动系统、点火系统、空调系统等，以具体的电器设备为主线，系统阐述了具体结构、原理，并辅以具体案例，直观形象、易于理解。项目二，以汽车电子控制系统为主线，阐述了汽车电子控制系统工作原理，辅以多种案例，对汽车控制器电路图、传感器模块的具体工作原理进行了介绍。项目三，以汽车总线系统为出发点，阐述了汽车各控制模块之间的通信协议，具体以案例为依托，阐述和分析了 CAN 等常见的通信协议以及通信工作原理。项目四，具体阐述了辅助驾驶及导航系统，并对自动驾驶系统安全等级以及发展趋势进行了介绍。项目五，具体阐述了汽车防盗与信息服务系统结构、工作原理，借助各案例对汽车防盗和信息服务系统做了较为深入的剖析。

　　本书由方晓汾、朱剑宝任主编，袁琼、武春龙、张正中任副主编。具体分工为：方晓汾、朱剑宝统稿（负责项目一～项目五的整体构思与编写）；项目一由方晓汾编写，袁琼校审；项目二由方晓汾编写，朱剑宝校审；项目三由方晓汾编写，朱剑宝校审；项目四由方晓汾、朱剑宝编写，武春龙校审；项目五由朱剑宝编写，张正中校审。

　　感谢参与校企合作工作的上海大众 4S 的毕少平技师、福特 4S 店陈晓勇技师、奔驰 4S 店的纪英诗技师等。

　　由于编者水平有限，经验不足，加之编写时间仓促，书中难免存在不当或错误之处，恳请读者批评指正（Email：fangxiaofen1985@ hotmail. com）。

方晓汾

目 录

项目一

汽车电器设备及维护

随着汽车越来越智能化,汽车上的电器设备也越来越多。随着近年来电子技术的发展,汽车上出现了大量的电子控制系统,汽车的电子化程度已经成为国际上衡量汽车先进水平的重要标准,电子装置的成本占整车成本的比例越来越高。汽车整车电器设备包括满足车辆运行的基本设备和为了提高车辆安全性、舒适性而增加的一些电子控制系统。它们的主要特点是:

(1) 低压——汽车电系的额定电压有 12 V、24 V 两种,汽油车普遍采用 12 V 电系,而柴油车多采用 24 V 电系。电器产品额定运行端电压,对发电装置 12 V 电系为 14 V,对 24 V 电系为 28 V,对用电设备电压在 0.9 ~ 1.25 倍额定电压范围内变动时应能正常工作。

(2) 直流——主要从蓄电池的充电方式来考虑。汽车电系采用直流是因为起动发动机的起动机为直流串激式电动机,其工作时必须由蓄电池供电,而蓄电池消耗电能后又必须用直流电来充电。

(3) 单线制——单线制即从电源到用电设备使用一根导线连接,而另一根导线则用汽车车体或发动机机体的金属部分代替。单线制可节省导线,使线路简化、清晰,便于安装与检修。

(4) 负极搭铁——将蓄电池的负极与车体相连接,称为负极搭铁。

❋ 1.1 汽车电器设备组成

 学习目标

(1) 了解汽车电器设备中的电源系统、基本电器设备、配电装置;
(2) 了解电源系统类型、组成与作用;
(3) 掌握基本电器设备的类型、组成与作用。

汽车电器设备是依靠电路进行工作的,电路就是电流的通路,它是为了某种需要由某些电工设备或元件按一定方式组合起来的。电路由电源、负载和中间环节(开关、导线等)

三个部分组成，这三个部分称为组成电路的"三要素"。

整车电器设备主要包括的内容如图1-1-1所示。

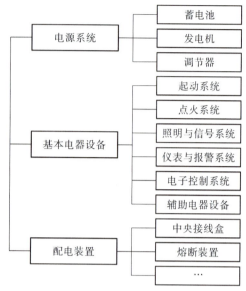

图 1-1-1　整车电器设备

1. 电源系统

电源系统包括蓄电池、发电机、调节器。其中发电机为主电源，发电机正常工作时，由发电机向全车用电设备供电，同时给蓄电池充电。调节器的作用是使发电机的输出电压保持恒定。

（1）蓄电池。蓄电池为可逆的直流电源。在汽车上使用最广泛的是起动用铅酸蓄电池（图1-1-2），它与发动机并联，向用电设备供电。蓄电池的作用是：当发动机起动时，向起动机和点火系统供电；在发电机不发电或电压较低的情况下向用电设备供电；当用电设备同时接入较多，发电机超载时，协助发电机供电；当蓄电池存电不足，而发电机负载又较少时，它可将发电机的电能转变为化学能储存起来。因此它在汽车上占有重要位置。正确使用和维护保养蓄电池，对延长蓄电池的使用寿命极为重要。所以，汽车修理厂要担负维护、修理及启用新蓄电池等作业项目。

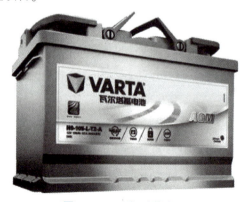

图 1-1-2　铅酸蓄电池

（2）发电机。发电机是汽车的主要电源，它在正常工作时，对除起动机以外的所有的用电设备供电，并向蓄电池充电，以补充蓄电池在使用中所消耗的电能。汽车所用的发电机有直流发电机和交流发电机两种。直流发电机是利用机械换向器整流；交流发电机（图1－1－3）是利用硅二极管整流，故又称硅整流发电机。

图1－1－3　交流发电机

汽车用电器都是按照一定的直流电压设计的，汽油机常用12 V，柴油机常用24 V。在汽车上，发电机既是用电器的电源，又是蓄电池的充电装置。为了满足用电器和蓄电池的要求，人们对发电机的供电电压和电流变化范围也有一定的限制。

（3）调节器。直流发电机所匹配的调节器一般都是由电压调节器、电流限制器、截断继电器三部分组成。而交流发电机的调节器可大大简化：由于硅二极管具有单向导电的特性，当发电机电压高于蓄电池动势时，二极管有阻止反向电流的作用，所以交流发电机不再需要截断继电器；由于交流发电机具有限制输出电流的能力，因此也不再需要电流限制器。但它的电压仍是随转速变化而变化的，所以为了得到恒定的直流电压，还必须装有电压调节器。

2．基本电器设备

（1）起动系统。起动系统一般包括串励式直流电动机（电刷、电枢、磁场绕组等）、传动机构或称啮合机构（离合器、中间支撑板、限位螺母等）、控制装置（即起动开关，包括电磁开关、拨叉等），它的作用是起动发动机（图1－1－4）。

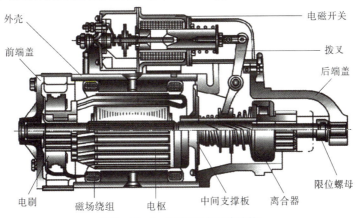

图1－1－4　汽车起动系统结构

（2）点火系统。点火系统包括点火开关、点火线圈、分电器总成、火花塞等，其作用是产生高压电火花，点燃汽油机发动机气缸内的混合气。

在现代汽油发动机中，气缸内燃料和空气的混合气大多采用高压电火花点火。高压电火花点火具有火花形成迅速、点火时间准确、调节容易等优点。

（3）照明与信号系统。照明系统包括汽车内、外各种照明灯及其控制装置，主要有前照灯、雾灯、尾灯、制动灯、顶灯、转向灯等，用来保证夜间行车安全。

信号系统包括喇叭、蜂鸣器、闪光器及各种行车信号标识灯，用来保证车辆运行时的人车安全。

（4）仪表与报警系统。仪表系统包括各种电器仪表，主要有电流表、充电指示灯、电压表、机油压力表、温度表、燃油表、车速及里程表、发动机转速表等，用来显示发动机和汽车行驶中有关装置的工作状况。

汽车仪表的作用是帮助驾驶员实时掌握汽车主要部件或系统的工作情况，及时发现和排除可能出现的故障和不安全因素，以保证良好的行驶状态。汽车常用仪表有电流表、冷却液温度表、发动机机油压力表、燃油油量表及车速里程表，有的汽车还有发动机转速表和制动系储气筒气压表等。

在现代汽车上，为了指示汽车各个重要系统的工作状况、保证行车安全、防止事故发生所设置的灯光或声音信号装置称为报警装置。如机油压力过低、冷却液温度过高、制动液液面高度不足、发电机不充电、油箱燃油存储量过少以及电子控制系统如安全气囊、ABS 系统、发动机控制系统等发生故障时，汽车的报警装置将及时点亮安装在组合仪表上相应的指示灯，发出报警信号，提醒驾驶员注意或停车检修。例如：冷却液温度过高报警灯、机油压力过低报警灯等。

（5）电子控制系统。汽车电子控制单元（ECU）（图 1 - 1 - 5）中枢电路元件即微型计算机，主要由中央处理器（CPU），用于存储程序和数据的内存储器，输入/输出（I/O）接口和系统总线组成。汽车微机控制系统功能分为七大类，包括发动机控制、变速器控制、行驶与制动转向控制、安全保证及仪表警报、电源系统、舒适性和娱乐通信。

图 1 - 1 - 5　汽车电子控制单元（ECU）

（6）辅助电器系统。辅助电器系统包括电动刮水器、空调器、低温启动预热装置、收录机、点烟器、玻璃升降器等。

随着汽车辅助工业的发展和现代化技术在汽车方面的应用，现代汽车用的辅助电器设备中，除了汽车用音响设备、通信器材和汽车电视等服务性装置外，都是一些与汽车本身使用性能有关的电器设备，如电动刮水器、电动洗窗器、电动玻璃升降器、暖风通风装置、电动座位移动机构、发动机冷却系统电动风扇、电动燃料泵、冷气压缩机用电磁离合器等。这些辅助电气设备大体可分为三类：电机类、电磁离合器类和电动泵类。

3. 配电装置

配电装置包括中央接线盒、电路开关、熔断装置（图1–1–6）、插接器和导线等，可以保证线路工作的可靠性和安全性。

图1–1–6 熔断装置（保险盒）

❀ 1.2 蓄电池结构认知与维护

 学习目标

（1）了解蓄电池的技术参数、选型和标准；

（2）了解蓄电池的结构和充放电原理；

（3）掌握蓄电池的日常维护和性能检测方法。

1. 蓄电池的功用

蓄电池是一种可逆的低压直流电源，是汽车电源的重要组成部分。蓄电池既能将化学能转换为电能，又能将电能转换为化学能。它的作用是：

（1）起动发动机时，供给起动机大电流。

（2）在发电机不发电或电压较低的情况下向用电设备供电。

（3）当用电设备短时间耗电超过发电机供电能力时，协助发电机向用电设备供电。

（4）蓄电池存电不足，而发电机负载又较小时，它可将发电机的电能转变为化学能储存起来（即充电）。

（5）蓄电池相当于一个大电容器，它可随时将发电机产生的过电压吸收掉，起到保护晶体管、延长发电机使用寿命的作用。

2. 蓄电池的类型

按外部结构，蓄电池可分为：橡胶槽蓄电池和塑料槽蓄电池；按性能，蓄电池可分为：湿荷电蓄电池、干荷电蓄电池和免维护蓄电池等。目前汽车上广泛采用干荷电、免维护塑料槽的铅酸蓄电池。

3. 蓄电池的结构和识别

铅酸蓄电池的结构如图 1-2-1 所示。它主要由极板、隔板、电解液、外壳和极柱与穿壁式联条等部分组成。

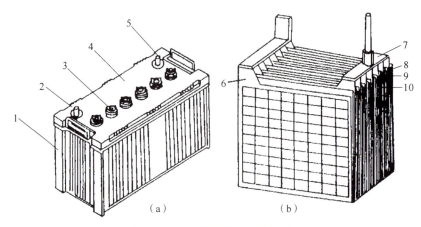

（a）　　　　　　　　　　　（b）

图 1-2-1　铅酸蓄电池的结构

1—外壳；2—正极板；3—加液孔螺塞；4—电池盖；5—负极柱；6—负极板组；
7—正极板组；8—隔板；9—负极板；10—正极板

（1）极板。极板分正极板和负极板，每片极板均由栅架和活性物质构成。正极板上的活性物质为二氧化铅，呈棕红色；负极板上的活性物质为海绵状纯铅，呈青灰色。为了增大蓄电池的容量，需要把正、负极板分别焊成极板组，且负极板组比正极板组多一片。

（2）隔板。隔板通常用木质、微孔橡胶、微孔塑料或玻璃纤维制成。隔板安装在正、负极板之间，防止正、负极板因相碰而短路。隔板一面制有沟槽，装配时有沟槽面应竖直面向正极板。

（3）电解液。电解液由纯净硫酸与蒸馏水按一定比例配制而成，其密度可用密度计测量，一般在 $1.23 \sim 1.30 \ \text{g/cm}^3$。

（4）外壳。蓄电池外壳用橡胶或塑料制成，用以储存电解液和支承极板。外壳内部有隔壁，把外壳内部分成三个或六个单格。

（5）极柱与穿壁式联条。每个单格电池都有正、负两个极柱，分别连接正、负极板组，连接正极板组的叫正极柱，连接负极板组的叫负极柱。正极柱接起动机开关（接柱），负极柱接车架（接铁）。

穿壁式联条用来连接相邻单格电池的正、负极柱，使各单格电池相互串联成更高电压的电池。如一只 12 V 的蓄电池由 6 个单格电池串联而成。

4. 蓄电池的型号标志

根据 JB/T 2599—2012《铅酸蓄电池名称、型号编制与命名办法》的规定，蓄电池型号是指一个或几个字母与数字组合成的符号，分别表示用途、结构特征，并将这些符号按一定的规律排列组合成一种标记。

蓄电池型号由三部分组成：

第一部分为串联的单体蓄电池数；

第二部分为蓄电池用途、结构特征代号；

第三部分为标准规定的额定容量。

例如：

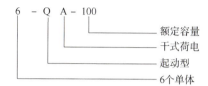

（1）串联单格电池数。串联单格电池数指一个整体壳体内所包含的单格电池数目，用阿拉伯数字表示。

（2）蓄电池类型。蓄电池类型根据蓄电池主要用途划分，起动型蓄电池用"Q"表示，代号"Q"是汉字"起"拼音的第一个字母。

（3）蓄电池特征。蓄电池特征为附加部分，仅在同类用途的产品中具有某种特征，而在型号中又必须加以区别时采用。如干荷电蓄电池，则用汉字"干"拼音的第二个字母"A"表示；免维护蓄电池则用"无"字拼音的第一个字母"W"来表示。当产品同时具有两种特征时，原则上应按表1-2-1所示顺序用两个代号并列表示。

（4）额定容量。额定容量是指20 h额定容量，用阿拉伯数字表示，单位为安培·小时（A·h），在型号中可略去不写。

蓄电池容量通常以正极板的片数 n 来估算，若每片标准正极板额定容量 C 为15 A·h，则蓄电池额定容量 $C20 = C \cdot n$。

（5）特殊性能。在产品具有某些特殊性能时，可用相应的代号加在型号末尾表示。如"G"表示薄型极板的高起动率电池，"S"表示采用工程塑料外壳与热封合工艺的蓄电池。

表1-2-1 蓄电池产品特征代号

序 号	蓄电池特征	型号	汉字及拼音或英语字头	
1	密封式	M	密	mi
2	免维护	W	维	wei
3	干式荷电	A	干	gan
4	湿式荷电	H	湿	shi
5	微型阀控式	WF	微阀	wei fa
6	排气式	P	排	pai
7	胶体式	J	胶	jiao
8	卷绕式	JR	卷绕	juan rao
9	阀控式	F	阀	fa

例1：东风 EQ2102 型越野汽车用 6-QW-180 型蓄电池：表示由6个单格电池组成、额定电压为12 V、额定容量为180 A·h 的起动型免维护蓄电池。

例2：解放 CQ1121J 载货汽车用 6 – QAW – 180 型蓄电池：表示由 6 个单格电池组成、额定电压为 12 V、额定容量为 180 A·h 的起动型干荷电免维护蓄电池。

5. 铅酸蓄电池工作原理

铅酸蓄电池的充、放电是由正极板上的活性物质二氧化铅（PbO_2）、负极板上的活性物质海绵状的纯铅（Pb）与电解液中的硫酸（H_2SO_4）发生化学反应来完成的。

（1）电动势的建立。当正、负极板浸入电解液后，在单格蓄电池的正、负极柱间产生电动势。在正极板处，少量 PbO_2 溶入电解液，与水（H_2O）生成 Pb（OH）$_4$，再分解成四价铅离子（Pb^{4+}）和氢氧根离子（OH^-）。即：

$$PbO_2 + 2H_2O \rightarrow Pb(OH)_4 \qquad Pb(OH)_4 \Leftrightarrow Pb^{4+} + 4OH^-$$

Pb^{4+} 沉附于极板的表面，OH^- 留在电解液中，使正极板相对于电解液具有正电位。当达到平衡时，约为 + 2.0 V。

在负极板处金属铅受到两方面的作用，一方面它有溶解于电解液的倾向，因而有少量铅进入电解液，生成二价铅离子（Pb^{2+}），在极板上留下两个电子（2e），使极板带负电；另一方面，由于正、负电荷的吸引，Pb^{2+} 有沉附于极板表面的倾向。当两者达到平衡时，负极板相对于电解液具有负电位，约为 – 0.1 V。

因此，在外电路未接通，反应达到相对平衡状态时，蓄电池的电动势为：

$$2.0 - (-0.1) = 2.1(V)$$

这是单格蓄电池正、负极间的电动势，那么由 6 个单格串联而成的一块蓄电池，其电动势为 $2.1 \times 6 = 12.6$（V）。

（2）放电过程。蓄电池将化学能转换为电能的过程称为放电过程，如图 1 – 2 – 2（a）所示。

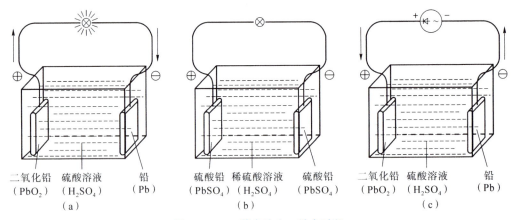

二氧化铅　硫酸溶液　　　铅
（PbO_2）（H_2SO_4）（Pb）
（a）

硫酸铅　稀硫酸溶液　硫酸铅
（$PbSO_4$）（H_2SO_4）（$PbSO_4$）
（b）

二氧化铅　硫酸溶液　　　铅
（PbO_2）（H_2SO_4）（Pb）
（c）

图 1 – 2 – 2　蓄电池充、放电过程
（a）放电过程；（b）放电终了；（c）充电过程

蓄电池接上负载，在电动势的作用下，电流从正极经过负载流向负极（即电子从负极流向正极），使正极电位降低，负极电位升高，破坏了原有的平衡。

电解液中 H_2SO_4 的电离过程为：$H_2SO_4 \Leftrightarrow 2H^+ + SO_4^{2-}$。

在正极板处，Pb^{4+} 与电子结合变成 Pb^{2+}，Pb^{2+} 与电解液中的硫酸根离子（SO_4^{2-}）结合生成 $PbSO_4$ 沉附于正极板上，即：$Pb^{4+} + 2e \rightarrow Pb^{2+}$；$Pb^{2+} + SO_4^{2-} \rightarrow PbSO_4$。

在负极板处，Pb^{2+} 与电解液中的 SO_4^{2-} 结合也生成 $PbSO_4$ 沉附于负极板上，而极板上的金属铅继续溶解，生成 Pb^{2+} 和电子，即：$Pb - 2e \rightarrow Pb^{2+}$；$Pb^{2+} + SO_4^{2-} \rightarrow PbSO_4$。

在电解液中，H^+ 和 OH^- 结合生成水，即：$H^+ + OH^- \rightarrow H_2O$。

如果电路不中断，上述的化学反应继续进行，正极板上的 PbO_2 和负极板上的 Pb 都逐渐转变为 $PbSO_4$，电解液中的 H_2SO_4 含量逐渐减少而水含量增多，故电解液的相对密度下降。同时因 $PbSO_4$ 的导电性比 PbO_2 和 Pb 差，随其含量的逐渐增加，内阻增大，供电能力下降。

蓄电池在放电过程中总的化学反应方程式为：$PbO_2 + 2H_2SO_4 + Pb = 2PbSO_4 + 2H_2O$，如图 1 - 2 - 2（b）所示。

（3）充电过程。蓄电池将电能转换成化学能的过程称为充电过程，如图 1 - 2 - 2（c）所示。充电时，蓄电池应接直流电源，蓄电池的正极接电源正极，蓄电池负极接电源负极。

当电源电压高于蓄电池的电动势时，在电场力作用下，电流从蓄电池的正极流入，从负极流出（即驱使电子从正极经外电路流入负极）。这时在正、负极发生的化学反应正好与放电过程相反。

在电场力的作用下，正、负极板上的硫酸铅和电解液中的水均发生电离，即：

$$PbSO_4 \Leftrightarrow Pb^{2+} + SO_4^{2-}；\quad H_2O \Leftrightarrow H^- + OH^-。$$

在正极板处，Pb^{2+} 失去两个电子（2e）变成 Pb^{4+}，与电解液中的 OH^- 结合生成 $Pb(OH)_4$，它又分解为 PbO_2 和 H_2O，PbO_2 附着在正极板上，即：

$$Pb^{2+} - 2e \rightarrow Pb^{4+}；\quad Pb^{4+} + 4OH^- \rightarrow Pb(OH)_4；\quad Pb(OH)_4 \Leftrightarrow PbO_2 + H_2O。$$

在负极板处，Pb^{2+} 在电场力的作用下获得两个电子（2e）变成金属铅，并附着在负极板上，即：$Pb^{2+} + 2e \rightarrow Pb$。

在电解液中，H^+ 和 SO_4^{2-} 结合生成 H_2SO_4，即：$2H^+ + SO_4^{2-} \rightarrow H_2SO_4$。

可见，在充电过程中，正、负极板上的 $PbSO_4$ 将逐渐恢复为 PbO_2 和 Pb，电解液中的硫酸含量逐渐增多，水含量逐渐减少。当 $PbSO_4$ 已基本还原成 PbO_2 和 Pb 时，充电电流主要用来电解水，即：$2H_2O \rightarrow 2H_2 \uparrow + O_2 \uparrow$，使正极冒出氧气（$O_2$），负极冒出氢气（$H_2$）。充电电流越大，则冒气越多，极易使极板上的活性物质脱落。故在充电末期，充电电流以小为宜。

蓄电池充电和放电过程是可逆的电化学反应过程，内部导电靠离子运动实现。如略去中间的化学反应过程，可用下式表示：

$$
\begin{array}{ccccccc}
PbO_2 & + & Pb & + H_2SO_4 & \underset{充电}{\overset{放电}{\rightleftarrows}} & PbSO_4 & + & H_2O \\
正极板 & & 负极板 & 电解液 & & 正负极板 & & 电解液
\end{array}
$$

6. 蓄电池的正确使用及维护

要想正确使用蓄电池，必须了解其工作原理以及各种状况下的工作状态，在正确的时间进行必要的维护保养，并且能对常见的故障采取一定的解决措施，这样才能使其发挥出最大的使用价值，延长蓄电池的使用寿命。

（1）蓄电池的选择。应根据外形尺寸和额定容量选择合适的蓄电池。容量太小易导致起动困难，容量太大易导致蓄电池长期充电不足。

（2）正确及时充电。对放完电的蓄电池要在 24h 内及时充电；车上使用的蓄电池一般每两个月补充充电一次；蓄电池放电程度，冬季不得超过 25%，夏季不得超过 50%；带电解液存放电池要每两个月补充充电一次。

（3）正确操作使用。不超时连续起动起动机；安装、搬运时要轻搬轻放；蓄电池安装要牢固。

（4）及时清洁维护。经常清除蓄电池表面的灰尘；极柱和电线连接要牢靠，及时清除氧化物并涂上油脂；经常疏通蓄电池的通气孔。

（5）做好防范工作。防止充电电流过大和长时间过充电；防止过度放电；防止电解液液面过低；防止电解液密度过高；防止电解液内混入杂质。

（6）冬季蓄电池的使用。应保持蓄电池处于充足电的状态；注意对蓄电池保温；起动发动机前对发动机进行预热，便于起动。

（7）跨接起动的注意事项。在蓄电池跨接起动时，应注意以下问题：应确认两车的蓄电池额定电压相同，供电蓄电池的容量（A·h）应大于亏电蓄电池的容量。如果没有合适的供电车辆，也可以用单独的蓄电池供电；不要将亏电蓄电池的正、负极连接导线与车辆断开；关闭亏电车内所有电器设备。

7. 检查蓄电池电量及故障处理

对于免维护蓄电池来说，查看其电量非常简便。有的蓄电池顶部会有一个电量指示孔，观察其显示颜色即可判断蓄电池电量。一般情况下显示绿色为正常，如果显示淡黄色或无色，则说明蓄电池电量已不足，需要及时更换。如果蓄电池没有电量指示孔，您可以开车至4S维修店，维修技师会使用专用的蓄电池检测仪，通过检测蓄电池当前的电压和电流来判断蓄电池电量是否正常，如果检测数据低于规定数值，就需要对蓄电池进行必要的维护或者更换了。如果平时您发现发动机不易起动，也可能是蓄电池电量不足引起的，最好到维修店进行检查，必要时进行更换。

使用不当会导致蓄电池出现各种故障，并缩短其使用寿命。常见外部故障有壳体或盖子出现裂纹、封口开胶、极柱松动或腐蚀等；内部故障有极板硫化、活性物质脱落、极板短路、自行放电和极板拱曲等。蓄电池外部故障很容易发现，易修复，而内部故障不易发现且发现后不易排除。因此在使用中应以预防为主，尽量避免内部故障产生。下面具体讲解三种常见的蓄电池故障及解决方案。

（1）极板硫化。极板上生成白色粗晶粒硫酸铅的现象称为"硫酸铅硬化"，简称"硫化"。这种粗晶粒的硫酸铅会堵塞极板孔隙，使电解液渗入困难，容量降低，且硫化层导电性差，内阻显著增大，导致起动性能和充电性能下降。

解决方案：
①对蓄电池定期进行补充充电，使其经常处于充足电的状态。
②放完电的蓄电池应在24h内进行补充充电。
③电解液相对密度应适当，液面高度应符合要求。

（2）活性物质脱落。活性物质脱落主要是正极板上的 PbO_2 脱落，特征为：充电时电解液中有褐色物质自底部上升，单体蓄电池端电压上升快，电解液过早出现"沸腾"现象，而电解液密度不能达到规定的最大值；放电时，蓄电池容量明显下降。

解决方案：
①避免过充电和大电流长时间充、放电。
②安装搬运蓄电池时应轻搬轻放，避免震动冲击。
③蓄电池在汽车上的安装应牢固可靠。

（3）自行放电。蓄电池在无负载状态下电量自行消失的现象称为自行放电或漏电。若每昼夜电量降低超过了2%额定容量，则说明蓄电池有自行放电故障。

解决方案：

①配制电解液用的硫酸及蒸馏水必须符合规定。

②配制电解液所用器皿必须是耐酸材料，配好的电解液应妥善保管，严防掉入脏物。

③加液螺塞要盖好，保持电池外表清洁干燥。

④补充的蒸馏水要符合要求。

8. 某车型蓄电池故障排除案例

据维修工描述，一辆通用别克商务车的蓄电池经常亏电，通常放置几天后，早上起动困难，无法着车；一个月前，车辆更换了新的蓄电池，结果没过三天，又变得起动困难，到维修厂检查多次，仍然没有找到故障原因。

一般汽车电源系统由蓄电池和交流发电机组成，其工作原理包括两个工作过程，即发动机不工作时的电源系统工作过程，以及发动机工作时的电源系统工作过程。发动机不工作时，发动机不旋转，不产生发电电压和充电电流。蓄电池正极接线端通过起动机导线，并利用起动机正极端子与发电机充电导线串接，与发电机电枢端相连并通过内部整流器与发电机壳体实现接地。由于整流器是由二极管构成的，所以发电机不发电时，对蓄电池提供正向电压，发电机整流器的二极管处于反向截止，电阻无穷大，相当于开路。此时，电源系统工作过程中，只有蓄电池单独向全车配电系统供电，提供电压，发电机处于蓄电池为电源的负载状态。

发动机工作时，电枢端子产生发电电压，由于发电机产生的发电电压高于蓄电池正、负电极的开路电压，所以开始向蓄电池充电，蓄电池此时相当于发电机的一个负载，发动机同时向全车配电系统提供发电电压。由于现在设计的汽车发电机输出功率比较大，所以当全车配电系统处于最大负荷状态时，也能满足需要，且保持蓄电池处于充足电的状态。而采用小容量的蓄电池，仅能满足发动机起动的需要，或满足 ACC 挡位车身电气系统短时间工作的需要。

为了说明诊断思路，下面绘制一个电源系统和配电系统的逻辑电路（图 1 - 2 - 3）：沿水平方向分别画出两条平行线，上边的一条平行线代表蓄电池的正极线，用"B"表示，下边的一条平行线代表蓄电池的负极线，用"E"表示，并在两条平行线之间，分别等距画出四个相同大小的逻辑方框，它们与两条平行线相平行。在每个逻辑方框上、下边的中部，分别引出与平行线相垂直的线，各自连接于上条平行线或下条平行线。每个逻辑方框与下边平行线相连的交点都标注"E"，表示其负极即接地。第一个逻辑方框代表蓄电池，在其正极端标注"B"；第二个逻辑方框代表发电机，在其正极端标注"D"；第三个逻辑方框代表由发动机舱内的继电器/熔断装置构成的配电系统，在其正极端标注"P1"；第四个逻辑方框代表由车内仪表台右侧的继电器/熔断装置构成的配电系统，在其正极端标注"P2"。

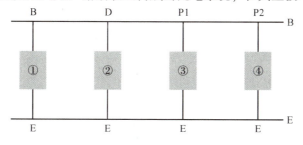

图 1 - 2 - 3　电源系统和配电系统的逻辑电路

①蓄电池；②发电机；③由发动机舱内的继电器/熔断装置构成的配电系统；
④由车内仪表台右侧的继电器/熔断装置构成的配电系统

第一步，诊断思路：先对电源系统的线束，即导线和连接紧固端子进行检查，判断导线和连接紧固端子是否正常。众所周知，汽车所有的电器，无外乎两种：一种是由电气原理或电子原理构成的各种电器元件；另一种是由导线和连接器构成的线束。由于电源系统和配电系统的线束结构简单，所以可以通过检查，确定线束的导线和接线紧固端子是否良好。

诊断过程：通用别克商务车电源系统的线束由蓄电池负极端子的接地线束和正极端子的电源线束构成。接地线束分别连接车身和发动机，经检查确定导线和接线紧固正常；而电源线束分别连接发动机舱内的继电器/熔断装置构成的配电系统正极端子和起动机正极端子，检查发现蓄电池正极接线柱螺栓松动，进一步检查确定是正极接线柱螺栓螺纹变形，且蓄电池正极接线端螺母螺纹损伤，造成电气导线连接产生虚接。这说明起动线束有虚接问题，先做些简易处理，紧固蓄电池正极接线端子。

第二步，诊断思路：判断蓄电池是否亏电。只有确定蓄电池亏电，才能对电源系统和配电系统进行诊断，这是确定电源系统和配电系统是否产生故障的前提。我们知道，如果蓄电池正、负极端子电压正常，即蓄电池电压正常，且额定起动机负载工作时产生的电压降正常，则蓄电池蓄电正常。一般情况下，蓄电池电压约为 12 V，如果起动时电压降为 11 V 以上，就表明蓄电池充电充足。关键问题是先确定发动机起动时起动负载是否正常。当起动时，如果电压降下降过大，就表明蓄电池亏电，或起动机负载过大。起动机负载过大，可能是起动机电气系统造成的，也可能是发动机系统造成的。

诊断过程：选择万用表量程为 20 V 电压挡，用万用表的黑表笔接蓄电池负极端，红表笔接蓄电池正极端，测得蓄电池静态电压为 11.2 V。起动发动机，仔细观察电压的变化状态，且测得蓄电池电压降最低为 7 V，电压降偏低。由于发动机已经不能起动，用外接一个蓄电池的方法，连接起动成功，说明发动机起动时负载正常。着车一段时间，目的是给蓄电池进行充电。随后关闭发动机，又重新测量蓄电池电压和起动时的电压降，分别是 12 V 和 10.4 V，并且发动机起动顺利，说明蓄电池原先处于亏电状态。

第三步，诊断思路：确定发电机发电是否正常。一般发电机工作时，通过改变电器负荷，即测量条件，测量发电电压和其电压的变化状态，观察仪表内充电指示灯，判断发电机发电是否正常。

诊断过程：起动并打着发动机，观察蓄电池电压数值变化。发电机发电时，蓄电池电压为 13.8 V。打开远光灯，蓄电池电压基本不变化；同时观察车内仪表充电指示灯的指示状态，指示为正常。

第四步，诊断思路：判断发电机有无"跑电"现象。当发电机不工作时，蓄电池只向发电机正极（电枢端）提供蓄电池电压，不产生漏电电流即"跑电"现象。如果产生漏电电流，一般是发电机整流器的二极管反向击穿造成的。

诊断过程：断开蓄电池正极接线端子和连接车内与发动机舱内的继电器/熔断装置构成的配电系统的正极端子，即和断开发电机的电枢接线端子等效。在蓄电池正极与断开蓄电池正极接线端子的线束之间串接一个由汽车用 12 V 4 W 的白炽灯泡构成的测试灯，测试灯不亮，表明发电机无"跑电"现象。当然，也可以用万用表的电阻挡测量发电机电枢端与接地的正反向电阻值确定，即测量整流器的二极管正、反向电阻值。

第五步，诊断思路：判断发动机舱内的继电器/熔断装置构成的配电系统是否有不合理的放电现象。配电系统存在不带开关控制的负载，会形成微弱的小电流，如果形成的小电流偏大，即会造成蓄电池亏电现象。同时，配电系统线束内导线出现混接或接地，会造成过载及短路而形成很大电流，也会造成蓄电池亏电现象。

诊断过程：先用测试灯对发动机舱内的继电器/熔断装置内每个熔断丝（保险丝）和易熔器进行测量，把测试灯带导线的一端接地，用测试端分别测量每个熔断丝和易熔器，测试结果包括两种情况：一种是测试灯亮；另一种是测试灯不亮。然后，分别把点亮测试灯的熔断丝或易熔器有序地拔出，断开继电器/熔断装置的正极接线柱、用于连接蓄电池正极的导线，在蓄电池正极端与继电器/熔断装置的正极接线柱之间串接测试灯。如果测试灯亮，则说明配电系统线束内导线出现混接或接地；如果测试灯不亮，则分别把拔出的熔断丝或易熔器有序地分别插上，并观察串接的测试灯是否点亮。结果也包括两种现象：一种是插上后测试灯不亮；另一种是插上后测试灯点亮。这种在熔断丝或易熔器插上后测试灯点亮的电路，就是配电系统存在的不带开关控制的负载构成的电路。在继电器/熔断装置的正极接线柱接万用表红表笔，黑表笔接地，同时，保持测试灯依然串接状态，分别测量每次插入后的对地电压值，若基本都约为 9.2 V，且测试灯灯丝仅发红，则说明属于正常放电现象。

第六步，诊断思路：判断仪表台右侧的继电器/熔断装置构成的配电系统是否存在不合理的放电现象。

诊断过程：诊断过程与确定发动机舱内的继电器/熔断装置构成的配电系统是否有不合理放电现象相同，只是插上后测试灯点亮的熔断丝构成的电路，只有三个熔断丝分别插入后的对地电压值比较低，约为 5 V，且测试灯灯丝偏亮，产生的放电电流偏大些。

诊断结论和处理建议：根据维修工对故障现象的描述，已知更换了一个新蓄电池，且在诊断分析后，确定蓄电池正极接线柱螺纹损坏，正极接线螺栓也变形，造成电气导线连接产生虚接，这是蓄电池产生亏电现象的主要原因。发电机发电正常，且没有产生"跑电"现象。发动机舱内配电系统正常，仅驾驶舱内配电系统三个熔断丝形成的电路存在过放电造成蓄电池缓慢亏电的可能。例如，车辆放置一两个月以后，才表现出蓄电池亏电。建议处理蓄电池和正极接线端子螺纹和螺栓，消除虚接故障，或重新更换蓄电池和正极连接导线总成，根除虚接故障；车主驾驶一段时间，如果再出现亏电现象，再对驾驶舱内配电系统三个熔断丝对应的电路元件进行维修或更换。

❀ 1.3 发电机结构认知与维护

 学习目标

（1）了解交流发电机的结构和工作原理；
（2）掌握交流发电机的电路和典型故障排除。

1. 发电机的结构和工作原理

汽车发电机是汽车的主要电源，其功用是在发动机正常运转时（怠速以上），向所有用电设备（起动机除外）供电，同时向蓄电池充电。在普通交流发电机三相定子绕组基础上，增加绕组匝数并引出接线头，增加一套三相桥式整流器，低转速时由原绕组和增绕组串联输出，而在较高转速时，仅由原三相绕组输出。

汽车上采用硅整流交流发电机，它把硅二极管作为整流器，把交流电转变成直流电，具有结构简单、体积小、重量轻、功率高、工作可靠、寿命长、维修方便等特点。它的结构如图 1 - 3 - 1 所示。

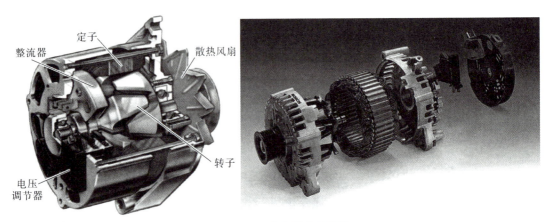

图 1 - 3 - 1　汽车发电机结构

1）工作过程

（1）在发电机内部有一个由发动机带动的转子（旋转磁场）；

（2）磁场外有一个定子绕组，绕组有 3 组线圈（3 相绕组），3 相绕组彼此相隔 120°；

（3）当转子旋转时，旋转的磁场使固定的电枢绕组切割磁力线（或者说使电枢绕组中通过的磁通量发生变化）而产生电动势（图 1 - 3 - 2）。

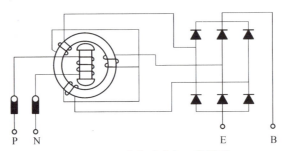

图 1 - 3 - 2　汽车发电机工作原理

定子 3 相绕组感生的电动势大小为：

$$e_U = E_M \sin \omega t = \sqrt{2}\, E_\Phi \sin \omega t$$

$$e_V = E_M \sin\left(\omega t - \frac{2}{3}\pi\right) = \sqrt{2}\, E_\Phi \sin\left(\omega t - \frac{2}{3}\pi\right)$$

$$e_W = E_M \sin\left(\omega t + \frac{2}{3}\pi\right) = \sqrt{2}\, E_\Phi \sin\left(\omega t - \frac{2}{3}\pi\right)$$

其中：

E_M——每相电动势的最大值，V。

ω——电角速度。

E_Φ——每相电动势的有效值，V。

2）转子

转子由爪极（每个爪极有 6 个鸟嘴形磁极）、转子绕组、皮带轮、风扇、前端盖、电刷、滑环和转轴等组成（图 1 – 3 – 3）。

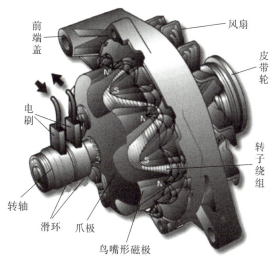

图 1 – 3 – 3　发电机转子

电刷：在转子绕组中通入直流电流时，产生一个磁场。

皮带轮：在发动机的带动下带动转子旋转，在定子绕组中产生一个旋转磁场。

爪极：每个爪极都有 6 个鸟嘴形磁极、低噪声大输出的设计。

驱动端风扇：内置风扇噪声低更加安全；后盖端风扇：保证高气流低噪声。

滑环连接：直接与线圈连接，可提高可靠性；电刷盒与滑环保护罩一体化：保护滑环，防止飞溅污染。

转子绕组：用于通电产生一个磁场。

3）定子

定子是由定子铁芯和 3 相定子绕组组成，固定在前后端盖之间（图 1 – 3 – 4）。

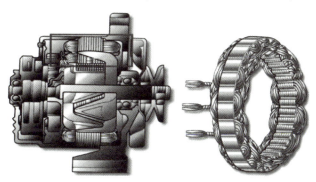

图 1 – 3 – 4　发电机定子结构

3 相绕组一般采用三角形（△）和星形（Y）两种接法，定子绕组在转子产生的旋转磁场的作用下，感应并输出 3 相正弦交流电动势。

4）整流原理

交流发电机定子的 3 相绕组中，感应产生的是交流电，是靠 6 只二极管组成的 3 相桥式整流电路变为直流电的。二极管（图1-3-5）具有单向导电性，当给二极管加上正向电压时，二极管导通；当给二极管加上反向电压时，二极管截止。

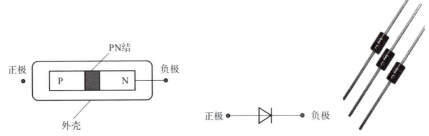

图1-3-5　二极管结构、符号与实物

整流器（图1-3-6）是将交流电转换成直流电的一种装置，在车用发电机中，一般采用3相桥式整流电路（图1-3-7）做整流器。

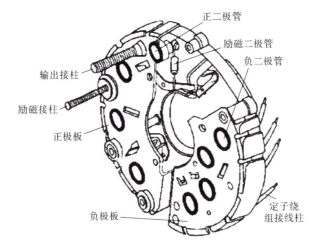

图1-3-6　汽车发电机整流器

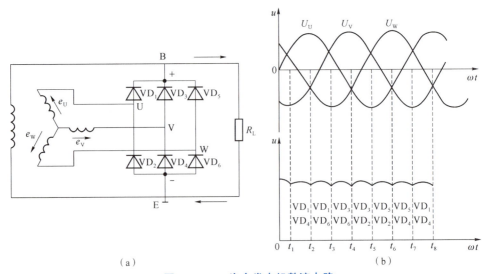

（a）　　　　　　　　　　　　　　　（b）

图1-3-7　汽车发电机整流电路

整流时二极管导通条件：

（1）对于3个正极管子（VD_1、VD_3、VD_5正极和定子绕组始端相连），在某瞬时，电压最高一相的正极管导通。

（2）对于3个负极管子（VD_2、VD_4、VD_6负极和定子绕组始端相连），在某瞬时，电压最低一相的负极管导通。

2. 某车型发电机故障排除案例

故障现象：一台汽车用有刷12 V、500W交流发电机不发电，有异响声。拆下交流发电机进行检查，发现其定子、转子铁芯有撞伤。经测试，定子绕组已搭铁短路，整流二极管良好，磁场绕组未发现搭铁，轴承已损坏。

检修过程：该交流发电机经重绕定子绕组、更换轴承并组装之后，在自制简易试验台上测试，工作基本正常（当交流发电机的转速为1 400 r/min，励磁电压为12 V，蓄电池负载为12 V、60 A·h时，蓄电池充电电流为5~6 A，输出电压为14 V；当交流发电机的转速为1 400 r/min时，短接交流发电机电枢B+接柱与F接柱，用12 V电源给交流发电机励磁后，断开励磁电源，实行空载，此时自励电压在20 V以上）。但装车后再测试时，交流发电机又无电流输出。断开交流发电机F接柱接线，用其端头划试，有轻微火花，但把铁片放在后端盖处试磁时无吸力；再用试灯检查，试灯发亮，表示调节器F接柱输出线有电。把交流发电机F接柱与调节器F接柱接通后，再用试灯检查F接柱，试灯却不亮，这表示此时F接柱无电。该车使用的是防短路调节器，用电流表跨接调节器的点火接柱与F接柱，电流表指示磁场电流过大（超过正常值5 A左右），因此认定该交流发电机故障属典型的磁场绕组局部短路（非搭铁短路）故障。更换磁场绕组后再次装车测试，故障完全排除。

❋ 1.4 发动机起动系统认知与维护

 学习目标

（1）了解起动机的结构和工作原理；

（2）掌握起动机的电路和典型故障排除。

1. 起动机的结构和工作原理

为了使静止的发动机进入工作状态，必须先用外力转动发动机曲轴，使活塞开始上下运动，气缸内吸入可燃混合气，然后依次进入后续的工作循环。而依靠的这个外力系统就是起动系统。

目前几乎所有的汽车发动机都采用电力起动机起动。当电动机轴上的驱动齿轮与发动机飞轮周缘上的环齿啮合时，电动机旋转产生的电磁转矩通过飞轮传递给发动机的曲轴，使发动机起动。电力起动机简称起动机（图1-4-1）。它以蓄电池为电源，结构简单、操作方便、起动迅速可靠。

起动机一般由3个部分组成：

（1）直流串励式电动机；

（2）传动机构；

（3）控制装置。

直流串励式电动机是产生转矩的动力部分，包括转子总成、定子总成、电刷组件。传动机构是将直流串励式电动机的动力通过驱动齿轮传递给飞轮齿圈，完成发动机的被动旋转，并在发动机起动后使驱动齿轮和飞轮齿圈脱离啮合。控制装置用来接通和切断电动机和蓄电池之间的电路。

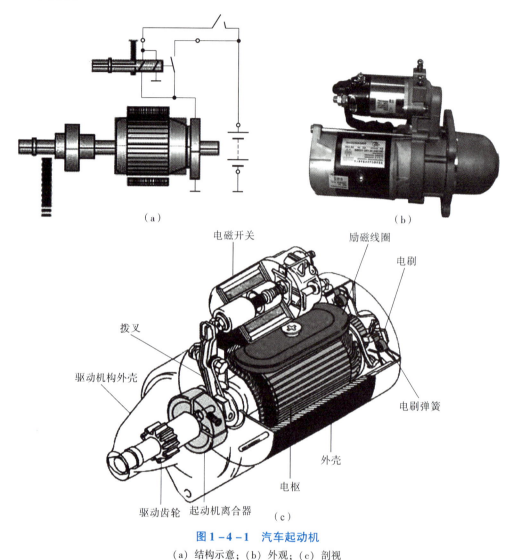

（a）

（b）

（c）

图 1-4-1　汽车起动机
（a）结构示意；（b）外观；（c）剖视

汽车起动机的控制装置包括电磁开关、起动继电器和点火起动开关灯部件，其中电磁开关与起动机制作在一起。

（1）电磁开关的结构与特点。电磁开关主要由电磁铁机构和电动机开关两部分组成。电磁铁机构由固定铁芯、活动铁芯、吸引线圈和保持线圈等组成。固定铁芯固定不动，活动铁芯可以在铜套里做轴向移动。活动铁芯前端固定有推杆，推杆前端安装有开关触盘；活动铁芯后端用调节螺钉和连接销与拨叉连接。铜套外面安装有复位弹簧，其作用是使活动铁芯等可移动部件复位。

（2）电磁开关的工作原理。当吸引线圈和保持线圈通电产生的磁通方向相同时，其电磁吸力相互叠加，可以吸引活动铁芯向前移动，直到推杆前端的触盘与电动开关触点接通，使电动机主电路接通为止。

当吸引线圈和保持线圈通电产生的磁通方向相反时，其电磁吸力相互抵消，在复位弹簧的作用下，活动铁芯等可移动部件自动复位，触盘与触点断开，电动机主电路断开。

（3）起动机的工作原理。起动开关闭合后，可移动铁芯在保持和吸引两个线圈的共同作用下向左移动，带动拨叉使驱动小齿轮向右移动。同时，直流电动机的定子和转子线圈内流经的是小电流，输出转矩小，使驱动小齿轮和飞轮平稳啮合。当铁芯移动到最左侧时，铁芯左端的金属盘同时接触电源接线柱和电动机主接线柱，短路吸引线圈，电流直接由电源接线柱流到电动机主接线柱，增强了起动时的点火能量和直流电动机的输出转矩，使发动机容易起动（图1-4-2）。

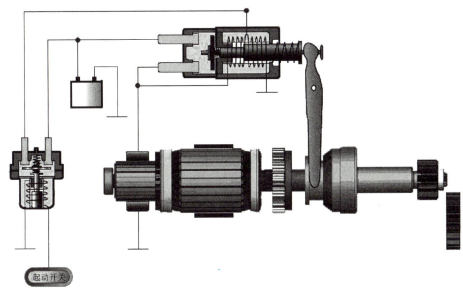

图1-4-2　汽车起动机工作原理

2. 某车型起动机故障排除实践项目

故障排除的一般思路和步骤：

（1）蓄电池的检查。起动机工作依靠蓄电池的电能，如果起动系统无法起动，则首先应该查看蓄电池的电量是否充足，检查蓄电池的极柱是否氧化、腐蚀，查看蓄电池电缆接头是否松动。

（2）熔断丝和继电器的检查。起动系统都有自己的熔断丝和继电器，如果起动系统无法正常工作，在排除蓄电池故障之后，应该检查一下熔断丝和继电器的工作状态。熔断丝可以借助万用表测量。继电器的线圈可以用万用表的欧姆挡来检测，通过给继电器线圈两端通电可以检测继电器触点的闭合状况是否良好。

熔断丝和继电器是起动系统线路经常出现故障的部件，也是容易测量的部件，对于起动系统的不正常工作，本着由简到繁的检查方法，就应该从熔断丝和继电器入手。当然继电器的处理方法有很多种，可以通过替换、触摸等方法来检查，但最终还必须依靠万用表来验证。

（3）起动机的检查。起动机的每个组成部分都可能是起动系统的故障点，对于控制装置、传动机构、直流电动机的故障判断，现实维修过程中已经很少进行解体检修，特别是针对直流电动机定子总成和转子总成的绕组检修，即使拆检发现断路、短路，将线圈绕组再重新缠绕，其耗用工时的成本也很高，因此在实际维修过程中都是通过更换部件来完成。

（4）起动线路的检查。将起动机接入电路，起动机才可以体现其功能。在保证蓄电池、熔断丝和继电器、起动机本身都完好的情况下，起动系统不能正常工作时，就应该检查起动线路。线路的检查重点在于线路的断路、短路故障，以及线路和部件的连接情况。往往接触不良是造成故障难以排查的原因。

 案例一

荣威 W5 汽车起动系统的故障检修

（1）故障现象：荣威 W5 起动机不工作。

（2）故障诊断及原理分析：查阅荣威 W5 的起动电路，首先检查蓄电池是否亏电、蓄电池电缆是否接触良好。下一步对起动电路进行排查。当点火开关置于起动挡时，起动继电器的线圈电路通电，继电器触点闭合，起动机工作。现将继电器的线圈电路和触点电路描述如下：

①起动继电器线圈电路。电源"＋"→EF04 熔断丝→点火开关 5 端子→点火开关 3 端子→F32 熔断丝→起动继电器 A8 端子→起动继电器电磁线圈→起动继电器 C5 端子→BCM "IP006" 端子→BCM 内部搭铁，线圈通电，起动继电器触点闭合。

②起动继电器触点电路。电源"＋"→EF04 熔断丝→起动继电器触点→起动继电器 D5 端子→起动机电磁开关线圈→搭铁，给起动机电磁开关供电，控制电动机运转（图 1 - 4 - 3）。

（3）诊断步骤：

①将点火开关置于起动挡，如果感受到起动继电器的振动，说明继电器线圈电路正常，可以控制触点吸合，那么故障诊断的思路便落在了触点控制电路及触点电路上的电器部件。若起动继电器没有振动，说明继电器线圈电路没有电流，没有吸合继电器的触点，应首先排查线圈电路。

②不管是起动继电器线圈电路还是起动继电器触点电路，都要从熔断丝 EF04 入手，在确保熔断丝完好的基础上，测量各个触点的电压值，以确定故障部位。

③导线的测量应该用万用表电阻挡，线圈电路检测的难点在于线圈通过 BCM 搭铁。如果继电器线圈搭铁端针脚有电，而继电器线圈仍然不通电，没法吸合触点，那么说明故障是BCM 内部搭铁不良，应更换 BCM。

④继电器触点电路，可以通过测量电路各个部位的电压值判断电路是否导通，而最终找到故障点。

（4）故障排除：依据故障诊断，发现是起动继电器的电磁线圈断路造成了继电器触点不吸合，起动机无法工作，所以更换起动继电器后故障排除。

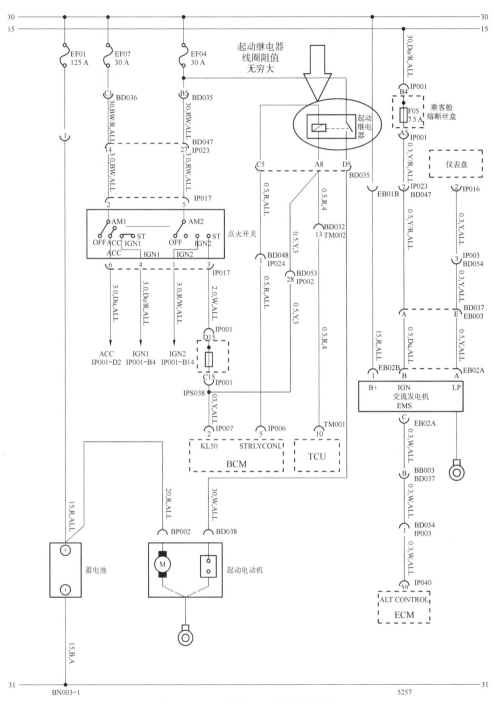

图 1 –4 –3　荣威 W5 汽车起动电路

 案例二

别克君越轿车起动系统的故障检修

（1）故障现象：别克君越轿车起动机不工作。

（2）故障诊断及原理分析：首先确保蓄电池电量充足、蓄电池电缆接触良好。查阅别克君越轿车的起动电路（图1-4-4），从电路图中可以看出，起动继电器线圈电路通过动力系统控制模块构成搭铁回路，此时通过40A的起动电磁开关熔断丝及起动继电器闭合的触点把起动机工作所需要的电流送到起动机的J1-S上，也就是给起动机的吸引线圈、保持线圈通电，起动机开始工作。用一句话概括电路的工作原理：当点火开关置于起动挡，起动继电器的线圈电路通电，继电器触点闭合，起动机工作。

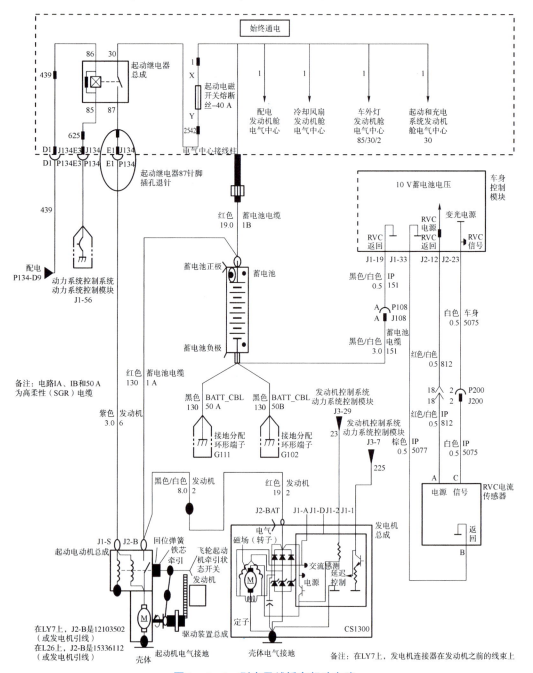

图1-4-4 别克君越轿车起动电路

（3）诊断步骤：

①将点火开关置于起动挡，听到起动继电器吸合的声音，说明起动继电器线圈电路正常。也就是电流通过起动继电器的线圈到达动力系统控制模块，构成了完整的回路。下一步，诊断触点控制电路及电路上的电器部件。

②检查40 A的起动电磁开关熔断丝，熔断丝完好，起动继电器的30号插孔有蓄电池电压，而且已经判断出起动继电器电磁线圈吸合了继电器触点。怀疑因为触点氧化、烧蚀而造成接触不良，更换新的起动继电器，发现故障现象依旧。

③既然起动继电器30号插孔有电源电压，更换完好的起动继电器后故障依旧，那么故障部位就应该在继电器87号插孔至起动机之间的线路上。在测量时发现87号插孔退针，重新固定退针的插孔，再安装原车的起动继电器，起动发动机时起动机正常工作。

（4）故障排除：由车辆振动、颠簸导致起动继电器的插孔退针，致使起动线路断路，虽然起动继电器触点吸合，但起动机线圈端子没有电流输入，因此无法工作。将退针的插孔重新固定，故障排除。

✿ 1.5　点火系统认知与维护

学习目标

（1）了解汽车点火系统的结构和类型；

（2）掌握汽车点火系统的电路和典型故障排除。

1. 点火系统的结构和工作原理

汽油发动机工作时，混合气的燃烧是通过火花塞点火控制的，点火系统的作用就是根据发动机的工作状态，按照发动机的工作顺序，在合适的时刻供给火花塞足够能量的高压电，使其电极间产生火花，确保能点燃混合气，使发动机做功。

1）点火原理

电子点火系统（图1-5-1）以蓄电池和发电机为电源，借点火线圈和由半导体器件（晶体三极管）组成的点火控制器将电源提供的低压电转变为高压电，再通过分电器分配到各缸火花塞，使火花塞两电极之间产生电火花，点燃可燃混合气。与传统蓄电池点火系统相比，电子点火系统具有点火可靠、使用方便等优点，是目前国内外汽车广泛采用的点火系统。

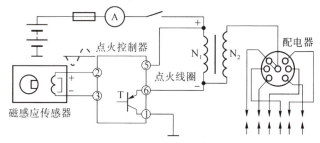

图1-5-1　磁感应电子点火系统

点火系统在发动机运转时的作用是在任何发动机转速及发动机负荷下，均能在适当的时机提供足够的电压，使火花塞能产生足以点燃气缸内混合气的火花，让发动机得到最佳的燃烧效率。现代的点火提前装置则已改由发动机管理计算机所控制，计算机收集发动机转速、进气歧管压力或空气流量、节气门位置、电瓶电压、冷却液温度、爆震等信号，算出最佳点火正时的提前角，再发出点火信号，达到控制点火正时的目的。

2）电火花的产生

电火花是电极间的击穿放电。使空间两个相离的电极产生电火花的电压称为击穿电压，火花塞击穿电压的大小与中心电极和侧电极之间距离（称为火花塞间隙）、气缸内压力和温度、电极温度、发动机的工况等因素有关。

具体来讲，电极间隙越大，电极周围气体中电子、离子之间的距离越大，受到的电场作用力越小，越不容易发生碰撞电离，因此要求的击穿电压就越高。离子和电子在足够大的电场作用力下才能发生有效的碰撞，从而发生能级跳跃，形成光亮电火花。工作中很多种因素会对此产生影响，比如气缸压力的大小、空气温度以及气缸温度。温度影响电子和离子热运动的剧烈程度，同时温度代表分子平均能量水平。温度还涉及了单位体积内空气的密度，密度大小会影响单位空气中含有的电子和离子数。压力也是影响密度的一个参数，压力越大密度越大，单位体积内分子数越多，离子和电子越不易发生碰撞，所以压力越高、温度越低，所需电压越高；温度越高、压力越低，所需电压越低。

3）点火正时控制

所谓的点火正时，是说火花塞开始产生火星的那个时刻，它是一个时间点，而不是火花延续的一段"时间"。这个时间点必须控制得十分准确，过早地点燃燃油会让活塞还未下行就受到膨胀的压力，引起敲缸，也就是爆震；晚点燃燃油又会由于火花的"传递"需要一定的时间，而使得活塞下行的时候还没有形成有效的爆炸压力，而当活塞行进到下止点时，能量却没有完全释放，造成动力的损失。在这里需要指出，从火花塞两极充电到形成火星需要一个固定的时间（两极间电压恒定），而火星持续的时间亦是一个固定的量。活塞运行至上止点前必须进行点火，经过燃烧后，爆炸压力最大时刚好活塞开始下行，这样的点火正时是最准确且最有效率的。

（1）点火提前的原因。点火时刻对发动机性能影响很大，从火花塞点火到气缸内大部分混合气燃烧，并产生很高的爆发力需要一定的时间，虽然这段时间很短，但由于曲轴转速很高，所以在这段时间内，曲轴转过的角度还是很大的。若在压缩上止点点火，则混合气一边燃烧，活塞一边下移而使气缸容积增大，这将导致燃烧压力低，发动机功率也随之减小。因此要在压缩接近上止点时点火，即点火提前。人们把火花塞点火时，曲轴曲拐位置与活塞位于压缩上止点时曲轴曲拐位置之间的夹角称为点火提前角。

（2）点火提前的影响因素。最佳的点火提前角随许多因素变化，其中最主要的因素是发动机转速和混合气的燃烧速度，而混合气的燃烧速度又和混合气的成分、燃烧室的形状、压缩比等因素有关。

当发动机转速一定时，随着负荷的加大，节气门开大，进入气缸的可燃混合气量增多，压缩终了时的压力和温度增高，同时，残余废气在气缸内所占的比例减小，混合气燃烧速度加快，这时，点火提前角应适当减小。反之，发动机负荷减小时，点火提前角则应适当增大。当发动机节气门开度一定时，随着转速增高，燃烧过程所占曲轴转角增大，这时，应适当增大点火提前角。

另外，点火提前角还和汽油的抗爆性能有关，使用辛烷值高、抗爆性能好的汽油时，点火提前角应增大。

（3）闭合角。点火系统中初级线圈电流的大小决定了点火系统能量的高低，直接影响着发动机的性能发挥。初级电流的大小是由初级电路的接通时间决定的，因此初级电路的接通时间便成为点火控制的一个重要因素。

初级电路接通时间越长、线圈电流越大，开关断开时在次级线圈上产生的感应电动势越高，点火的能量也就越强，混合气越容易点燃，但电流过大会造成点火线圈过热和电源负荷的增加。因此，科学地控制初级线圈电路的接通时间成为点火控制的主要内容之一。由于在传统触点控制点火系统中，初级点火线圈电路中的开关为分电器机械触点，初级电路中的电流大小是通过触点闭合时间对应的分电器轴转角即闭合角来控制的，因此通常用闭合角来表示初级线圈电路的接通时间。

为了使发动机在每一工况下点火系统都能产生一定强度的高压火花，要求初级线圈在开关断开时的电流具有稳定的值。而决定初级线圈中电流大小的因素主要是线圈通电时间和发动机系统电压。因此要求初级线圈电路接通时间能随电源电压的变化而变化，当电源电压降低时，增加通电时间（电源电压为 10 V 时，通电时间约为 10 ms；电源电压为 15 V 时，通电时间为 5~6 ms）；当电源电压升高时，缩短通电时间。

对于闭合角控制来说，要求其值不但能够随着电源电压的变化而变化，而且要随着发动机转速的变化而变化。因为在对应同样的时间时，发动机转速越高，分电器转过的角度越大，闭合角也越大；反之则反。

（4）点火提前角。点火时刻是点火系统控制的最重要的因素，因为点火时刻决定了高压点火产生的时刻与发动机工作过程之间的配合关系。为了提高发动机的燃烧效率、动力性、经济性，获得较低的排放污染，要在发动机压缩行程进行到上止点前一定的曲轴转角处切断点火线圈初级线圈中的电流开始点火。这样对于理论意义上的点火时刻来说就提前了一个曲轴转角，这个提前的角度就是点火提前角。

发动机在工作中，对应每种工况都有一个使其燃烧过程进行得最佳的点火时刻，这样的时刻用点火提前角表示即为最佳点火提前角。在正常情况下，发动机工作的最佳点火提前角与发动机的转速和负荷关系密切。

4）发动机对点火系统的要求

点火系统应在发动机各种工况和使用条件下，保证可靠而准确地点火。为此，点火装置应满足下列三个基本要求：

（1）能产生足以击穿火花塞电极间隙的高压电。实践证明，汽车发动机在满负荷、低速时需 8~10 kV 的高压，起动时则需 9~17 kV 的高压，正常点火所需电压一般在 15 kV 以上。考虑到各种不同因素的影响，为了保证点火可靠，点火高电压必须有一定的储量，所以点火装置产生的电压一般在 15~20 kV，而且高电压的升值要快。

（2）火花塞应具有足够的能量。要使混合气可靠点燃，火花塞产生的火花应具有一定的能量。发动机正常工作时，由于混合气压缩终了的温度已接近其自燃温度，因此所需的火花能量很小（1~5 MJ），蓄电池点火系统能发出 15~50 MJ 的火花能量，足以点燃混合气。但在发动机起动、怠速运转以及节气门快速打开时，则需较高的火花能量。起动时，由于混合气雾化不良，废气稀释严重，电极温度低，故所需的点火能量最高。另外，为了提高发动机的经济性，当采用空燃比 $\alpha = 1.2 \sim 1.25$ 的稀混合气时，由于稀混合气难以点燃，也需增加火花能量。考虑到上述情况，为了保证可靠点火，一般应保证火花塞有 $50 \sim 80$ MJ的点火能量，起动时应产生大于 100 MJ 的火花能量。

（3）点火时刻应适应发动机的工作情况。因为混合气在发动机的气缸内从开始点火到完全燃烧需要一定的时间（千分之几秒），所以要使发动机产生最大的功率，就不能在压缩行程终了、活塞行至上止点才点火，而是需要适当提前一些。

发动机气缸的多少、负荷的大小、转速的变化、燃油的品质等不同的工况和使用条件，都直接影响气缸内混合气的点火时间。为了使发动机能发出最大功率，点火装置必须适应上述情况的变化，实现最佳点火。

2. 点火系统的发展

根据结构可以把汽车点火系统分成三种类型，分别是触点式点火系统、电子点火系统和微机控制的点火系统。

1）触点式点火系统（传统的汽车点火系统）

在汽车的第一代点火系统中，触点式点火系统是最早的点火系统，它主要是通过凸轮驱动的机械触点来进行控制初级的电路通断，而最终达到在次级回路上产生高压电的目的。当接通点火开关时，断电器的触点刚好在闭合状态，那么低压电流的回路就会被接通。而低压电流会经过的线路应该是从蓄电池正极开始到电流表 A，通过点火开关 SW 到点火线圈 + 端子，再到附加电阻；然后是经过点火线圈的另外一个 + 端子、断电器触点 K 和搭铁，最终到蓄电池的负极（图 1 – 5 – 2）。

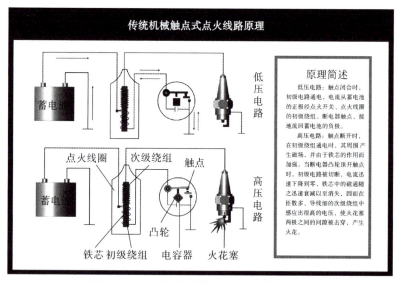

图 1 – 5 – 2 传统机械触点式点火线路原理

如果断电器的凸轮在旋转的时候顶开触点，低压电流就会被切断，此时次级绕组和初级绕组都会感应到电动势。但是因为次级绕组的匝数比较多，所以会有 $15 \sim 25$ kV 的高压电产生。这种高压电完全可以把火花塞电极间隙击穿，从而产生电火花，把可燃的混合气点燃。

如果初级绕组匝数比较少，感应电动势会比较低，一般在 $200 \sim 300$ V。为了避免触点产生电火花，保护触点以防烧蚀，可以并联一个电容，从而把自感电动势吸收掉。在这种情况下，高压电流会经过的线路是，从点火线圈次级绕组到附加电阻，然后经过点火开关 SW 到电流表 A，通过蓄电池到搭铁，经过火花塞旁电极到火花塞中性电极，再到配电器旁电极，经过配电器分火头最后到次级绕组。

触点式点火系统的优点是维护方便、价格便宜和结构简单，但是它也有缺点：触点非常容易产生电火花，从而烧蚀触点，让接触受到影响，特别是在发动机的转速比较高的时候，触点闭合的时间较短，不足的高压电会造成高速失火，让发动机在运行的时候出现无力和抖动的情况。机械触点容易产生接触不良，金属疲劳和凸轮磨损等故障容易出现。触点式点火系统是通过真空提前和离心提前控制点火提前角的，它不能精确地控制点火提前角。

2）电子点火系统

随着晶体管技术的发展，集成电路随之产生，因此人们改进了触点式点火系统，最后形成了电子点火系统（图 1-5-3）。

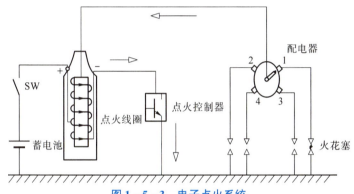

图 1-5-3　电子点火系统

传统点火系统的断电器触点容易受到烧蚀，因此我们通过改进，用一个开关三极管代替触点，让触发信号经过三极管的截止和导通，实现断开和接通初级电路的目的，最终产生高压电。这种三极管可以起到开关作用，我们也称它点火模块或点火控制器。点火控制器有霍尔式、光电式和磁电式等多种方式的信号发生器。而这些信号都发送给点火控制器的控制端来控制电子开关的通断。电子开关不会有接触不良的反应，而且触点的两端不会产生火花，这样就把触点式点火系统中的缺点改进了，但是还是不能对点火提前角进行精确的控制，因为点火模块是通过发动机的转速自动调节的，并且点火模块的复杂结构也会影响调节的精度，因此才会产生不精确的控制。

3）微机控制的点火系统

随着微型计算机的迅猛发展，由微机控制的发动机已经取代了点火模块。微机有着强大快捷的计算能力和控制能力，能随时检测发动机的转速、冷却液温度、爆震信号、负荷的变化以及自动变速箱的工作状况，随时根据需要改变点火提前角，达到精确控制的目的（图 1-5-4）。

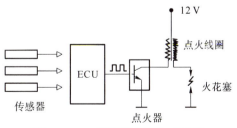

图 1-5-4　微机控制的点火系统

微机控制的点火系统主要分为点火执行器、各类传感器和发动机控制微机（ECU）三个组成部分。而各类传感器主要有爆燃传感器、温度传感器、发动机转速传感器、曲轴位置传感器和车速传感器等；点火执行器主要由火花塞、分电器、点火线圈和点火模块等组成。发动机转速传感器、曲轴位置传感器、爆燃传感器和温度传感器等各类传感器都是通过传递发动机的各种相关信息到 ECU，然后 ECU 进行综合处理之后，向电子点火器发出点火指令 IGT，由点火线圈、火花塞完成点火任务，执行机构将点火执行情况的信号 IGT 反馈给微机 ECU。整个控制过程的实现依靠计算机强大的分析、处理数据的能力，它根据发动机的不同运行工况不断修正点火提前角以获得最佳的点火时刻，改善发动机性能，使发动机工作时其动力性和经济性达到最佳、排放污染最小。

3. 点火系统的分类

1）电子点火系统的分类

现在生产和使用的汽车，大都采用了不同形式的电子点火系统，认识和了解这些电子点火系统，对于正确使用、维护和保养汽车十分必要。电子点火系统的分类见表 1-5-1。

表 1-5-1 电子点火系统的分类

按储能型式	电感式	结构简单
	电容式	结构复杂，多用于赛车
按传感器结构形式	磁感应式	结构简单，点火比较可靠
	霍尔式	结构比较简单，点火可靠
	光电式	结构比较复杂，性能不够稳定
	电磁振荡式	结构比较复杂，多用于赛车
按控制方式	电子控制器式	点火控制比较精确可靠
	微机控制式（分配式和直接式）	点火控制精确可靠

下面重点讲解其中几种点火系统。

（1）磁感应式电子点火系统。解放 CA1092、东风 EQ1092、北京 BJ2020 等型汽车以及早期生产的部分轿车，都装配了磁感应式电子点火系统。它主要由磁感应式分电器、点火控制器、高能点火线圈和火花塞等组成，图 1-5-5 所示是磁感应式电子点火系统原理。

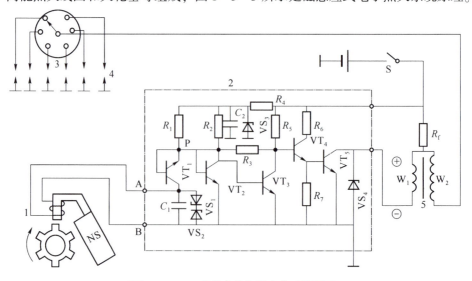

图 1-5-5 磁感应式电子点火系统原理

1—霍尔传感器；2—放大电路；3—分电器；4—火花塞

磁感应式分电器主要由磁感应传感器、点火提前调节装置、配电器等组成。磁感应传感器由转子、定子、永久磁铁、传感线圈等组成。当发动机工作时，分继电器通过转子、定子，使传感线圈内的磁通发生变化，产生电压信号，供给点火控制器。其优点是结构简单、不需外加电源。

点火控制器又称电子点火控制器、电子点火组件或点火器，主要由点火专用的集成电路和一些辅助电子元件组成。它的主要作用是根据磁感应传感器输出的电压信号，控制点火线圈初级绕组电路的导通与截止，使点火线圈产生高压电。此外，点火控制器还有恒流控制、闭合角控制、停车断电控制、过压保护等功能。

（2）霍尔式电子点火系统。解放 CA6440、解放 CA1046 型汽车以及早期生产的部分轿车，大都采用了霍尔式电子点火系统。它主要由霍尔式分电器、点火控制器、高能点火线圈、火花塞等组成。图 1 – 5 – 6 所示是霍尔式电子点火系统电路。

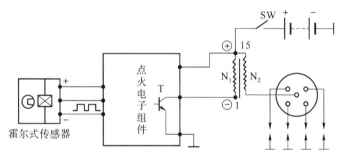

图 1 – 5 – 6　霍尔式电子点火系统电路

霍尔式分电器主要由霍尔传感器、点火提前调节装置、配电器等组成。霍尔传感器由触发叶轮、霍尔集成电路、导磁钢片、永久磁铁等组成。发动机工作时，分电器通过触发叶轮使霍尔集成电路的磁通发生变化，产生电压信号，供给点火控制器。与磁感应传感器不同的是，霍尔传感器需要一个输入电压。

（3）微机控制点火系统。在发动机的电子集中控制系统中，点火系统由微机控制的称为微机控制点火系统。现在生产的大部分轿车都采用微机控制点火系统。该点火系统主要由传感器、电子控制器、点火控制器、点火线圈和火花塞等组成。图 1 – 5 – 7 所示是微机控制点火系统原理。

传感器是监测发动机工况信息的装置，传感器的结构形式和装配数量依车而异。常用的传感器主要有曲轴位置传感器、空气流量传感器、节气门位置传感器、爆燃传感器、冷却液温度传感器、进气温度传感器、氧传感器、车速传感器等。

电子控制器用 ECU 表示。ECU 是发动机的控制核心。电子控制器的名称并不统一，生产厂家或公司不同，生产年代和控制内容不同，采用的名称也不尽相同。电子控制器主要包括输入回路、输出回路、A/D 转换器或 D/A 转换器、单片微型计算机和电源电路等。由于电子控制器的核心部件是单片微型计算机，通常将电子控制器称为微机或电脑。电子控制器的作用是根据发动机各传感器输入的信息和微机内存数据，通过运算处理和逻辑判断，输出指令信号，控制有关执行器如点火器工作。

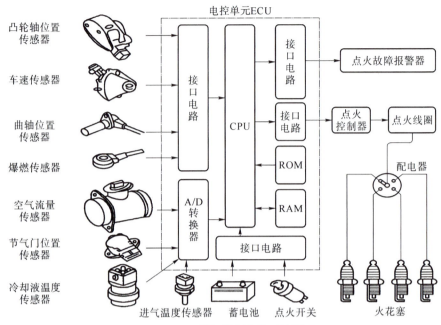

图 1 – 5 – 7　微机控制点火系统原理

点火控制器是发动机控制系统的执行器，其作用是根据微机发出的指令信号，通过内部大功率三极管的导通与截止来控制点火线圈初级绕组电路的通断，使点火线圈产生高压电。各型发动机点火器的内部结构各不相同，有的发动机并不配置点火器，大功率三极管直接设在电子控制器 ECU 内部；有的点火器只有一只达林顿三极管，仅起开关作用，其他电子控制元件则与电子控制器制成一体；有的点火器除开关作用外，还有恒流控制、闭合角控制、气缸判别、点火监视等功能。

此外，微机控制点火系统又分为分配式有配电器点火系统和直接式无配电器点火系统。分配式点火系统点火线圈产生的高压电由配电器按发动机做功顺序分配给各缸火花塞跳火，这样会产生较多电火花，不仅浪费能量，而且还产生电磁干扰信号。而直接式点火系统没有配电器，点火线圈次级绕组的两端直接与火花塞相连，发动机运转时，微机根据传感器信号，直接控制各个点火线圈产生高压电，使相应火花塞跳火。到目前为止，无配电器微机控制点火系统是技术最先进的点火系统。

2）数字式电子点火系统

数字式电子点火系统是在使用无触点电子点火装置之后的汽油机点火系统的又一大进展，称为微型电子计算机控制半导体点火系统，如图 1 – 5 – 8 所示。

数字式电子点火系统主要由微型电子计算机（ECU）、各种传感器、高压输出（功率三极管、变压器、高压线、火花塞）三大部分组成。

（1）ECU。ECU 是整部汽车的智能控制中心，指挥、协调汽车的各部件工作，同时它还有自动诊断功能。

（2）传感器。传感器就是各种不同类型及功用的测量元件，安装在发动机上不同的部位，把发动机工况各种参数变化反馈给 ECU 做计算数据。

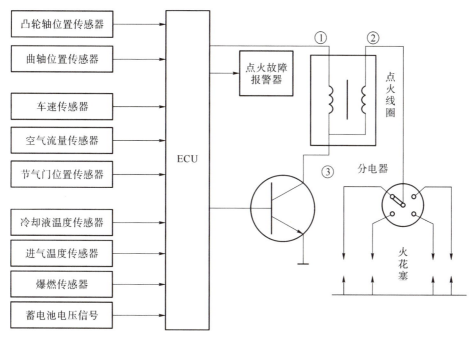

图 1 - 5 - 8　微型电子计算机控制半导体点火系统

（3）高压输出。

a. 高压输出功率三极管：在电路中起开关作用。

b. 高压输出变压器：在电路中把低电压转换成高电压供火花塞点火。

c. 高压线：在电路中把高压电传输到火花塞。

d. 火花塞：在电路中把高压电引进气缸，并把电能转换成热能。

4. 某车型点火系统故障排除案例

1）汽车故障诊断的四项基本原则

（1）先简后繁、先易后难的原则。

（2）先思后行、先熟后生的原则。

（3）先上后下、先外后里的原则。

（4）先备后用、代码优先的原则。

2）汽车故障诊断的基本方法

（1）询问用户故障产生的时间、现象，发生故障时的原因以及是否经过检修、拆卸等。

（2）初步确定出故障的范围及部位。

（3）调出故障码，并查出故障的内容。

（4）按故障码显示的故障范围进行检修，尤其注意接头是否松动、脱落，导线连接是否正确。

（5）检修完毕，应验证故障是否排除。

（6）如调不出故障码，或者调出后查不出故障内容，则根据故障现象，大致判断出故障范围，采用逐个检查元件工作性能的方法加以排除。

3）汽车点火系统故障检查

（1）点火传感器（信号发生器）的故障检查。点火传感器发生故障后，会使点火信号发生器输出的信号过弱或无信号而导致不能触发电子点火器工作，造成整个点火系统不起作用。磁电式传感器的静态检查主要是气隙的检查和传感器线圈的检查。

①气隙的检查。检查方法是：将信号转子的凸齿与传感器线圈的铁芯对齐，用塞尺检查之间的气隙；一般为 0.2～0.4 mm，若不合适，则应进行调整。有的无触点分电器的气隙是不可调的，有问题时只能更换。

②传感线圈的检查。检查方法是：用万用表的电阻挡测量分电器信号输出端（感应线圈）的电阻，其阻值一般为 250～1 500 Ω，但也有 130～190 Ω 的。若电阻无穷大，则说明线圈断路；感应线圈电阻过大、过小，都需要更换点火传感器总成。感应线圈输出的交流电压，可用高灵敏万用表的交流电压挡进行测量，其值应为 1.0～1.5 V。

（2）点火器（点火电子模块）的故障检查。电子点火器故障会使点火线圈初级电流减小或断流不彻底，造成火花弱，不能点火，导致热车时失速，发动机不能起动，高速或低速时熄火。其故障检查方法如下。

①高压试火法。如果已确定点火传感器良好，可以直接用高压试火的方法来检查。将分电器中央高压线拔出，使高压线端距发动机缸体 5 mm 左右，看打火情况。或将高压线插在一备用火花塞上，使火花塞搭铁，然后起动发动机，看其是否跳火。如果火花强，则说明电子点火器良好。否则，说明电子点火器有故障。

对于磁电式传感器，可打开分电器盖，用螺钉旋具将导磁转子与铁芯间做瞬间短路，看高压线端有无跳火。如果火花强，则说明电子点火器良好。否则，说明电子点火器有故障。

对于光电式或霍尔效应式点火传感器，可在拆下分电器后，用手转动分电器轴看有无跳火来判断点火器是否良好。

②模拟点火信号法。可利用一只 1.5 V 的干电池，干电池与点火器分电器连接，代替 ECU 输出点火信号。

4）点火线圈的故障检查

点火线圈的故障检查方法有直观检查和用万用表检查两种方法。

（1）直观检查。直观检查主要检查点火线圈的绝缘盖有无脏污、破裂，接线柱是否松动、锈蚀。若有脏污、锈蚀，需清洁后再做检查；若绝缘盖有破损，则应更换点火线圈。

（2）用万用表检查。一般测量其初级绕组和次级绕组的电阻。其值应符合标准值，否则说明点火线圈有故障，应更换点火线圈。绝缘电阻的测量方法是：用万用表的电阻挡测量点火线圈的绕组接柱（任何一个）与外壳之间的电阻，其值应不小于 50 MΩ。

5）常见故障现象的分析

（1）点火系统不工作。

①故障现象：打开点火开关，起动发动机，发动机无反应；高压试火，高压线无火花。

②故障分析与诊断：低压电路故障和高压电路故障。

（2）点火时间过早。

①故障现象：怠速运转不平稳，易熄火；加速时，发动机有严重的爆燃声。

②故障分析：该故障主要是点火正时调整失准或点火角装配失准所致。

③排除方法：连好点火测试仪，将点火提前角调整到规定值。

（3）点火过迟。

①故障现象：消声器声响沉重、急加速化油器回火、发动机冷却液温度较高、汽车行驶无力。

②故障分析与诊断：点火角不正确。

③排除方法：调整点火角至规定值。

（4）火花塞故障。故障主要表现为：火花塞积炭、油污和过热等现象。

火花塞积炭：绝缘体端部、电极及火花塞壳常覆盖着一层相当厚的黑灰色柔软的积垢。

火花塞油污：绝缘体端部、电极及火花塞壳覆盖一层机油。

火花塞过热：中心电极熔化，绝缘体顶部疏松，绝缘体端大部分呈灰白色硬皮。

（5）发动机爆震和过热。发动机在大负荷、中等转速时最容易出现爆震。在使用燃油牌号正确的情况下，爆震现象多数是因点火提前角过大造成的。

在爆震情况下，发动机会迅速升温。另一方面，点火时间落后，点火太迟，发动机温度也会偏高。在不出现爆震的情况下，冷却液温度过高多数不是点火系统引起的，但若伴有发动机无力、加速不灵敏，则应检查点火提前角是否过小。

6）典型故障案例

 案例一

故障原因：配电器、分缸线、火花塞有故障；传感器信号电压极性接反，点火不正时等。

故障的诊断与排除方法：

①外部检查：检查高压线是否脱落、插错；接通点火开关，用外力带动曲轴转动，检查分电器盖、火花塞是否漏电等。

②间断旁磁路试火花：拆开分电器盖，接通点火开关，用螺丝刀间断短接定子与转子爪极，用中央高压线在分火头上跳火，如果有火花，故障在分火头，应检查或更换；如果无火花，应拆下火花塞上的分缸线，检查跳火情况。

③转动曲轴试火花：断开点火开关，将中央线和分电器盖装好，从火花塞上拆下分缸线，接通点火开关，用外力带动曲轴转动，用分缸线在缸体上跳火，如无火花，故障在分电器盖或分缸线，应分别检修或更换；如果有火花，应拆下火花塞检查，有故障时应检修或更换；若各分线有火花，火花塞良好，应检查传感器信号电压极性。

④转动定子底板试火花：断开点火开关，将分缸线和火花塞装好，取下分电器，接通点火开关，转动定子底板，当转子和定子爪极大致对齐时，中央高压线与搭铁处之间产生电火花，说明接线正确，否则应交换传感器信号线。如果传感器信号线连接正确，则应调整点火正时。

 案例二

冷车时较易起动，当发动机冷却液温度达到正常冷却液温度后，运转稳定性逐渐下降，并伴有起动机小齿轮与发动机飞轮齿环之间的撞齿声。当发动机周围的环境温度升高时，发动机开始剧烈抖动以至停止运转，再次起动便很困难。根据上述现象，通过用新、旧点火线圈做高低温高压试火对比试验，发现该点火线圈总成中的二极管和次级线圈被击穿。

故障现象分析：因为冷车时，点火线圈和二极管击穿现象都不十分明显，尚可维持工作。当发动机达到正常工作温度后，点火线圈的温度因环境温度升高而升高，使之绝缘等级下降，次级电路发生击穿短路，点火电压降低，火花塞断火，发动机停止运转；又因在该点火线圈总成中的二极管是防止流入附加电阻的电流倒流到起动机电磁开关的，且该二极管在高温时也被击穿，所以起动机电磁开关有电，起动机小齿轮前移，导致起动机小齿轮与发动机飞轮齿环之间发出撞齿的声音；同时削弱了点火线圈的初级电流，造成发动机的一系列故障现象。更换点火线圈总成后，故障排除。

 案例三

一辆 2007 年出厂的丰田凯美瑞轿车，型号 ACV40L，装备 2AZ – FE 电控发动机。该车发动机起动后，怠速一切正常，但高速运行较长时间偶尔就会出现抖动现象。当此故障出现时，感觉发动机动力不足，转速上不去，跟缺缸情形类似。待发动机冷却以后，再发动，开始时一切正常，高速运行一段时间后，又出现此现象。

从故障现象来看，冷车起动和热车阶段发动机均能正常运行，只有高速运转一段时间之后才出现故障，所以此类故障现象的出现与发动机的运行条件有很大关系。考虑到此车总是运行一段时间后出现故障，特别是发动机高速运转时更容易出现，而此时发动机已进入正常运行条件，根据以往经验，怀疑高速大负荷时混合气过稀或存在失火现象。

首先检查进气系统。对进气管连接处进行检查，没有异常；起动发动机怠速运转，此时发动机运转平顺，没有故障迹象，测量热线式空气流量计和节气门位置传感器信号，有信号输出，并且能随发动机工况变化，符合技术要求。

接着进行油缸油压检查，缺压，接上压力表，由于凯美瑞采用无回油燃油供给系统，无论负荷和转速如何变化，油压表测得油压始终为 285 kPa，符合要求；把喷油器插头拔出，测量供电端电压为 14 V，正常；拔出各缸一体式点火器和点火线圈，插入火花塞并靠近缸体，能跳火，并且火花强度足够。

最后驾驶汽车进行测试，大概 20 分钟后，故障现象又出现，此时无论是高速还是低速，发动机都有抖动现象，动力明显不足，并且排气有黑烟出现。根据这一现象，认为有的气缸不工作而燃油还是继续喷射。所以又重新拔出各缸一体式点火器和火花塞，这时发现 1 缸火花塞比较弱，而且有断断续续的现象，这时候，可以断定是 1 缸点火电路出现了问题。

从点火系统的结构与原理分析来看，初步确定是点火线圈有问题，而不是点火器。但由于这套点火系统采用一体式点火器的点火线圈，不能单独测试，所以试着把 2 缸的点火线圈整个换到 1 缸控制线上测试，发现此时火花塞能跳火，火花明显，没有停断。

确认故障后，换上一个同型号的点火线圈，装车复试，一切正常，故障排除。刚开始诊断分析的时候，一直以为是发动机在高速运转后才会出现故障，所以走了一些弯路。其实故障是发动机工作一段时间后就出现了，与发动机转速高低无关。当然，发动机高速运行后，该故障会更快显示出来而已。

✳ 1.6 智能启停系统认知与维护

学习目标

（1）了解汽车智能启停系统的结构和类型；

（2）掌握汽车智能启停系统的电路和典型故障排除。

1. 智能启停系统的概念和常识

（1）汽车智能启停系统的概念。汽车智能启停系统就是在车辆行驶过程中临时停车（例如等红灯）的时候自动熄火，当需要继续前进的时候，系统自动重起发动机的一套系统。英文名称是STOP&START，简称STT，如图1-6-1所示。

图1-6-1 汽车智能启停系统

汽车智能启停系统通过在传统发动机上植入具有怠速起停功能的加强电动机，使汽车在满足怠速停车条件时，发动机完全熄灭不工作。当整车再需要起动前进时，怠速起停电动机迅速响应驾驶员起动命令，快速起动发动机，瞬时衔接，从而大大减少了油耗和废气排放。

发动机自动启停技术是这几年来发展最迅速的汽车环保技术，适用于走走停停的城市路况。据统计，到2012年，欧洲新上市的车中有50%配备智能启停系统。该系统通过计算机判断车辆的状态时，例如车辆在红灯、堵塞等停滞状态时，计算机可以控制发动机自动停止运行，并且不影响车内空调、音响等设备的使用。通过此项技术，汽车在一般路况下可以节约5%的燃油，而在拥堵路段最高可以节约15%左右的燃油。据权威机构测试，此项技术的使用将使一辆普通轿车每年节省10%～15%的燃料。

（2）常见问题解读。

①启停系统工作时有哪些限制条件？智能启停系统进入工作状态不能以牺牲车辆其他系统正常工作为代价，比如在蓄电池电量低于限定值、车辆空调系统在进行除雾工作、制动系统内压力下降到某一点之下、车辆出现向前或者向后"溜车"等情况时，智能启停系统不会熄灭发动机。发动机即使熄火，也会毫无延迟地重新起动。

②频繁地起动是否会增加发动机的磨损？发动机的磨损有一半以上来自冷起动，而智能

启停系统的工作也是有一些条件限制的。车辆在冷起动或者发动机冷却液温度以及机油温度在没有达到正常值时，即使该功能被激活，发动机也是不会自动启停的。

而在热起动的时候，由于发动机零件之间的配合间隙和机油润滑都进入了理想状态，所以发动机的磨损是极小的，此时机油所起到的作用十分重要，因此搭载启停系统的车辆也应该使用更高等级的机油。同时厂家会对发动机的润滑系统加以改进，比如在活塞处增加机油孔道或机油喷嘴等，以达到在起动的瞬间充分润滑发动机的目的。

③智能启停系统是否只用于高档车？采用智能启停功能的车辆，起动电动机和蓄电池等相关元件都已进行了优化，由于减少了停车时间和发动机的怠速磨损，所以可以使发动机的使用寿命变得更长。

但智能启停系统不仅仅安装在豪华车型的车辆中，该项技术已经应用得很广泛，如奥迪全系车型、高尔夫蓝驱版等；另外，一些自主品牌车型的车辆也纷纷开始搭载智能启停系统，如长安逸动、吉利帝豪 EC7、长城 C30 等。

（3）智能启停系统的优缺点。优点：可以减少不必要的燃油消耗，降低排放，提高燃油的经济性。在城市交通中等待信号灯或是堵车时，能够尽量降低发动机怠速空转时间，并且在发动机熄火后其电源能取代皮带轮对发动机冷却风扇及车内空调提供运转动力。

缺点：需要更耐用的起动机和蓄电池。一般的起动机设计允许通过很大的工作电流，但使用时间很短。反复使用起动机容易造成起动机过热损坏，因此具备智能启停功能的起动机必须比普通的起动机耐用很多。同时，由于蓄电池充放电次数增加，电池的寿命也受到一定的影响。

（4）智能启停技术的使用方法。行驶中只要直接踩制动踏板，车辆完全停止大概两秒钟后，发动机就会自动熄火，一直踩着制动踏板，发动机就会保持关闭。只要一松开制动踏板，或者转动方向盘，发动机又会马上自动点火，踩油门就可起步，整个过程都处于 D 挡状态，如图 1 - 6 - 2 所示。

图 1 - 6 - 2   智能启停技术的使用方法

2. 发动机启停技术的发展与分类

其实早在 1958 年，日本西铁巴士公司就开始将启停功能应用在旗下的公共汽车上了。1973 年石油危机之后，日本九州岛各地的其他巴士公司看到这项技术可以有效地节省燃油，也争相效仿。1980 年前后日本在公共运输领域普及了这项技术。

第四代皇冠车当年以试验性质装备了启停系统，发现节油效果确实立竿见影，但由于解决不了重起抖动和电器供电问题，而未能大批量应用。虽然这是在试验作品性质，但也算是民用车装配启停系统的始祖。为了应对日益严苛的法规限制，众多汽车企业不得不想办法节能减排。于是到 2006 年以后各国逐渐开始普及启停系统，目前很多车型上都已经有搭载。

技术是在不断发展的，未来随着汽车厂家在汽车智能技术上的继续研发，启停系统将变得更加智能。发动机自动启停技术属于微混合动力技术，目前主要有以下几种形式。

（1）分离式起动机/发电机启停系统。分离式起动机/发电机的启停系统最常见。这种系统的起动机和发电机是独立设计的，发动机起动所需的功率是由起动机提供的，而发电机则为起动机提供电能。

博世是这种启停系统的主流供应商。这种启停系统零件少，安装方便，而且系统的部件与传统部件尺寸保持一致，因此可直接配备至各种车辆上。

（2）集成起动机/发电机启停系统（图 1 - 6 - 3）。集成起动机/发电机是一个通过永磁体内转子和单齿定子来激励的同步电机，能将驱动单元集成到混合动力传动系统中。法雷奥研发了 i - Start 系统（i - Stop - Start System），它首先应用于 PSA（标致 - 雪铁龙集团）的 e - HDi 车型上。i - Start 系统的电控装置集成在发电机内部，在遇红灯停车时发动机停转，只要一挂挡或松开制动踏板，汽车会立即自动起动发动机。

ECU

蓄电池

法雷奥开发的自动启停系统——集成起动机/发电机　　交流发动机起动器

图 1 - 6 - 3　集成起动机/发电机启停系统

（3）马自达 SISS 智能启停系统。Mazda 的 SISS（现在称为 i - Stop 技术）智能启停系统，主要是通过在气缸内进行燃油直喷，用燃油燃烧产生的膨胀力来重起发动机的（图1－6－4）。发动机上的传统起动机在发动机起动时起到辅助作用。据官方数据，使用 SISS 技术，发动机最短在0.35 s 内就能起动，比单纯使用起动机或电动机的系统要快一倍。

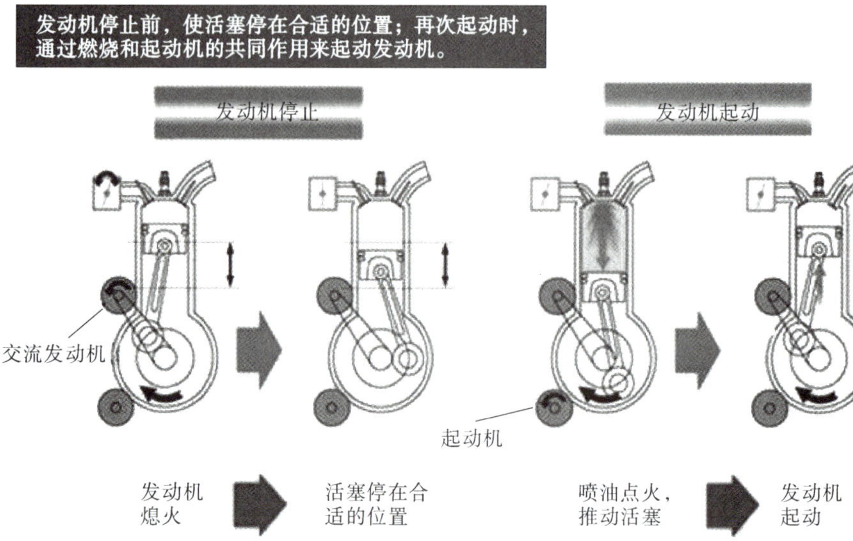
发动机停止前，使活塞停在合适的位置；再次起动时，通过燃烧和起动机的共同作用来起动发动机。
发动机停止
发动机起动
交流发动机
起动机
发动机
熄火
活塞停在合
适的位置
喷油点火，
推动活塞
发动机
起动

图1－6－4　马自达 SISS 智能启停系统工作原理

（4）滑行启停系统。目前现有的启停系统只能在车辆完全停下来时才关闭发动机，而滑行启停系统（图1－6－5）在车辆滑行时即可关闭发动机（如高速下坡道），同时，在自动挡车型中使用控制系统自动控制离合器，将发动机与传动系统分离，以延长滑行距离。当驾驶员在滑行中操作油门或刹车踏板时，发动机会迅速起动（图1－6－6）。

80
50
能量回收
加速辅助
起动-停止
高速滑行
STOP
START
4%

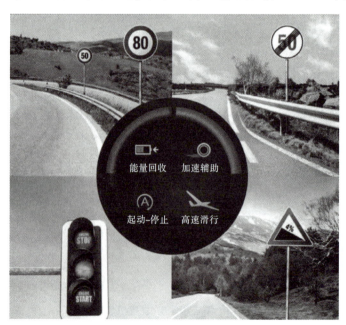

图1－6－5　滑行启停系统

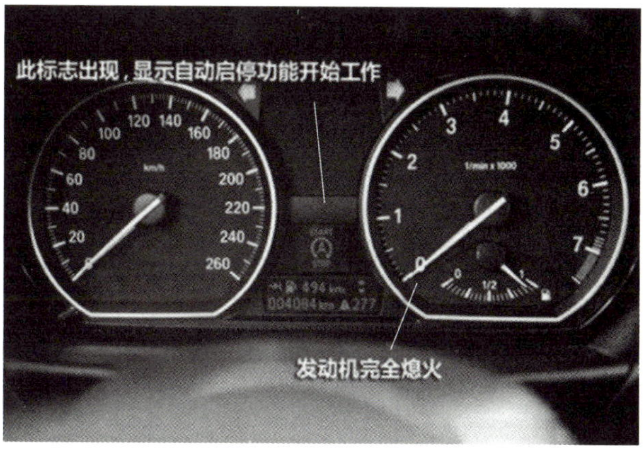

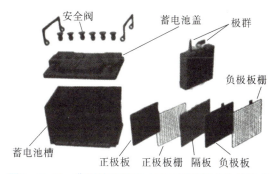

图 1 - 6 - 6　自动启停功能工作示意

3. 智能启停系统适用的电池

发动机频繁启停造成普通富液式铅酸蓄电池已经不再适用。阀控式 AGM（Absorptive Glass Mat 超细玻璃纤维）铅酸蓄电池由于其全封闭的结构，采用无纺玻璃纤维毡隔板和铅钙合金板栅，解决了酸液分层的问题，提高了铅膏的黏附性，大幅提升了蓄电池的使用寿命，适用于目前智能启停系统的技术要求。阀控式 AGM 铅酸蓄电池主要由槽盖、安全阀、极板、隔板组成，典型的阀控式 AGM 铅酸蓄电池的构成如图 1 - 6 - 7 所示。AGM 铅酸蓄电池采用的材料、结构工艺与普通富液式铅酸蓄电池的差异见表 1 - 6 - 1。经脉冲放电测试，AGM 蓄电池脉冲放电寿命可达到 1 100 h。

图 1 - 6 - 7　典型的阀控式 AGM 铅酸蓄电池的构成

表 1 - 6 - 1　阀控式 AGM 铅酸蓄电池与富液式铅酸蓄电池的结构、工艺差异

组件	富液式铅酸蓄电池	阀控式 AGM 铅酸蓄电池
槽盖结构	槽侧壁必须在 2.0 mm 左右；材料：PP	需要承受内压，槽侧厚度 5 mm；材料：PP
安全阀	无	6 个安全阀
隔板	PE 隔板	超细玻璃纤维隔板，100% 吸附电解液，避免分层；使氧气与氢气生成水
板栅结构	拉网板，废料少，无边框；材料：铅锑合金	连冲板，板栅带框筋；材料：铅钙合金
极板群组	材料：硫酸铅	材料：铅钙合金（减少负极析氧量，减少自放电量）

4. 智能启停系统怠速停机/起动逻辑

智能启停系统控制逻辑主要是通过整车安全状态（如4门与发动机罩开闭状态等）、传动链状态、蓄电池电量、制动真空度、空调请求、行驶工况来判断是否怠速停机和起动。怠速停机判断流程如图1-6-8所示。

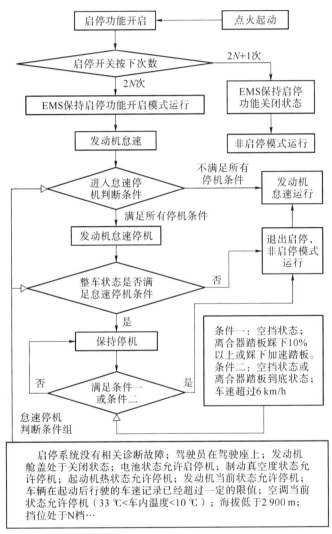

图1-6-8 怠速停机判断流程

启停功能开启，车辆处于怠速时，EMS将对整车状态进行判断，在4门和发动机罩关闭、电池电量高于50%、制动真空度高于设定值、起动机热状态满足限值、发动机冷却液温度在合适的范围内、空调请求和车内温度满足条件、坡度小于2°时，发动机执行自动停机。在停机过程中，若整车状态出现任一条件不满足或驾驶员踩下离合器踏板，车辆发动机将自动起动。

5. 智能启停系统试验

为了验证智能启停系统在传统车型上节能减排的效果，对某传统手动变速器车辆加装智能启停系统，改制所用启停系统结构特点，见表1-6-2。

表 1 – 6 – 2　试验车辆智能启停系统结构及特点

零件名称	改制前（非启停）	改制后（加装智能启停系统）
发动机电控单元	不带启停功能	增加启停功能及控制软件
蓄电池	60 A·h 普通富液式铅酸蓄电池	60 A·h 阀控式 AGM 铅酸蓄电池
起动机	功率 1.4 kW；35 万次耐久寿命	功率 1.6 kW；带发动机废气循环系统（ICR）稳压装置；25 万次耐久寿命
空挡传感器	开关式空挡传感器	非接触式双路 PWM 输出空挡传感器
离合传感器	开关式离合传感器	非接触式双路 PWM 输出离合传感器，安装于离合总泵
蓄电池传感器	无	加装 LIN 总线通信的蓄电池传感器
真空度传感器	无	加装真空度传感器
启停控制器	无	加装启停控制器

　　在转鼓试验台上对改制车辆进行燃油消耗量和排放污染物的检测对比试验。测试工况按照 GB 18352.3—2006《轻型汽车污染物排放限值与试测量方法》，进行 NEDC（New European Driving Cycle，欧洲油耗及排放标准）循环测试，排放和燃油消耗结果见表 1 – 6 – 3。

表 1 – 6 – 3　NEDC 循环排放和燃油经济性

车型	HC/（g·km^{-1}）	CO/（g·km^{-1}）	NO$_x$/（g·km^{-1}）	百公里①平均燃油消耗量/L
非启停	0.043	0.554	0.007	6.70
启停	0.045	0.582	0.010	6.42

　　通过试验数据可知，增加启停系统后，节油效果可达到 4.2%；排放稍有上升，主要是由于起动次数增加所导致，但是经过标定，也能够将排放的影响控制在较小的范围内。

　　6. 某车型智能启停系统故障排除案例

　　一辆行驶里程约 5 000 km、配备 2.0T 涡轮增压汽油发动机和 9 速自动变速器的 2017 款路虎极光 SUV。车主反映：仪表盘显示智能启停系统不可用。

　　故障诊断：查询路虎极光轿车维修手册可知，在以下情况时车辆将阻止启停系统的使用：

　　（1）已使用自动变速器换挡拨杆选择挡位。

　　（2）外部温度低于 0 ℃或高于 40 ℃。

　　（3）发动机未达到正常工作温度。

　　（4）驾驶员安全带未系紧。

　　（5）空调控制系统需要发动机运转（如处于除霜模式）。

　　（6）蓄电池电量过低。

　　（7）发动机舱盖已打开。

　　在确保启停系统不在以上情况中，试车，故障现象与车主反映一致，仪表盘一直显示智

---

　　①　1 公里 = 1 000 米。

能启停系统不可用。观察"ECO"按钮，智能启停系统没有关闭。使用路虎诊断仪 SDD 读取故障码，故障指向辅助蓄电池——性能或不正确操作。

极光配备了两块蓄电池，主蓄电池容量 80 A·h，布置在发动机舱内；辅助蓄电池容量 14 A·h，布置在刮水片的下方。

点火开关打到 ON 时，音响、车灯等小功率电器由主蓄电池供电，发动机起动后由发电机供电。而在车辆运行过程中，智能启停系统起作用，使发动机熄火时，车上的电气设备由辅助蓄电池供电，主蓄电池仅给起动机供电，从而防止蓄电池馈电导致发动机无法正常起动。为了控制主、辅蓄电池的供电，电源系统中引入了配电盒（图 1-6-9），该配电盒由网关模块控制来统一调配供电方式。查阅配电盒电路图（图 1-6-10）可知，配电盒配备了两个场效应管（MOSFET）S1 和 S2，其可以被视为两个开关，同时又是两个稳压器，经过 S1 和 S2 的稳压电流经 1 号脚输出到蓄电池接线盒，再向用电设备供电。2、3 号脚均为供电线，分别接辅助蓄电池和主蓄电池的正极。4、5、6 号脚连接网关模块，4 号脚为网关的供电线，输送辅助蓄电池的 12 V 电压；5 号脚是诊断线，网关用来监控配电盒的性能好坏；6 号脚是信号线，网关模块通过 6 号脚发出指令，控制 S1 和 S2 工作。7、8 号脚连接起动机，7 号脚连接起动机小齿轮继电器，使起动机小齿轮与发动机飞轮啮合；8 号脚连接起动机的电动机，驱动电动机旋转。9 号脚为搭铁线。a 为信号处理器，b 为场效应管控制器。当点火开关打到 ON 位置时，网关控制 S1 起作用，稳压电流由主蓄电池供应（图 1-6-11）；当启停系统起作用，发动机熄火后，网关控制 S2 起作用，稳压电流由辅助蓄电池供应，而主蓄电池通过 8 号和 9 号脚专供起动机使用（图 1-6-12）。

根据主、辅蓄电池的工作原理，结合故障码提示，首先查看辅助蓄电池。拆下刮水器盖板，发现辅助蓄电池的桩头有些松动。经询问车主得知，该车前段时间追尾，被送到维修厂修理过，从那之后启停系统就时好时坏，应该是修理工操作不到位造成的桩头没有紧固。

故障排除：将辅助蓄电池桩头螺栓拧紧，仪表上的故障提示消失，清除故障码，试车，启停系统功能正常。

故障总结：该故障是典型的人为故障。实际生活中经常会发生类似的案例，汽车本来没有毛病，却被人为"修"出来了故障，所以在维修操作中，修理人员一定要按规范仔细操作，避免人为故障的发生。另外，在进行诊断维修时，修理人员一定要熟悉相应系统的工作原理，这样才能成为合格的"汽车医生"，做到有的放矢。

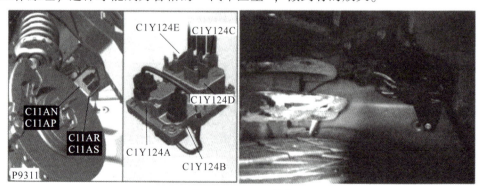

图 1-6-9　配电盒

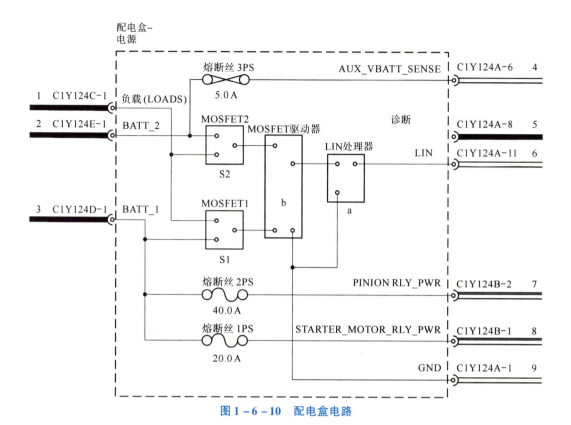

图 1-6-10　配电盒电路

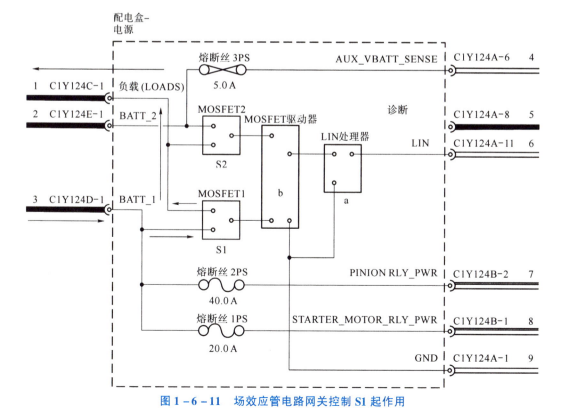

图 1-6-11　场效应管电路网关控制 S1 起作用

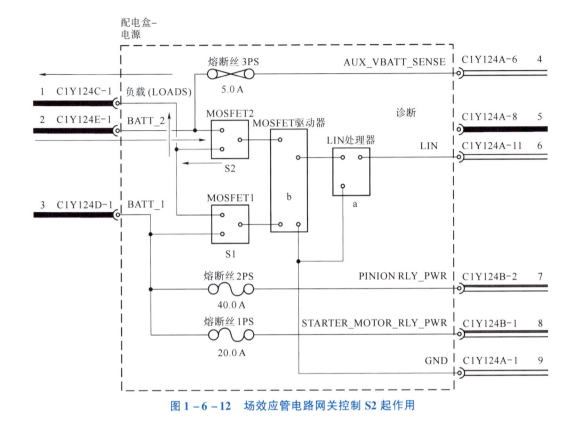

图 1 - 6 - 12　场效应管电路网关控制 S2 起作用

❄ 1.7　照明系统认知与维护

 学习目标

（1）了解汽车照明系统的类型和结构；

（2）掌握交流发电机电路、典型故障排除。

1. 汽车照明系统的作用和种类

汽车照明系统是汽车夜间行驶必不可少的照明设备，为了提高汽车的行驶速度和确保夜间行车的安全，汽车上装有多种照明设备，用于夜间行车照明、车厢照明及检修照明。汽车照明设备根据安装位置和用途不同，一般可分为：外部照明装置和内部照明装置。汽车照明灯的种类、特点及用途如表 1 - 7 - 1 所示。

前照灯：俗称大灯，装在汽车头部的两侧，用于夜间或光线昏暗汽车行驶时的照明，有两灯制和四灯制之分。为了确保夜间行车的安全，前照灯应保证车前有明亮而均匀的照明，使驾驶员能够辨明车前 100 m（或更远）内道路上的任何障碍物。前照灯应具有防眩目的装置，以免夜间会车时，使对方驾驶员目眩而发生事故。

表1-7-1 汽车照明灯的种类、特点及用途

种类	外照明灯			内照明灯		
	前照灯	雾灯	牌照灯	顶灯	仪表灯	行李舱灯
工作时的特点	白色常亮；远近光变化	黄色或橙色；单丝常亮	白色；常亮	白色；常亮	白色；常亮	白色；常亮
用途	为驾驶员安全行车提供保障	雨雪雾天保证有效照明及提供信号	用于照亮汽车尾部牌照	用于夜间车内照明	用于夜间观察仪表时的照明	用于夜间拿取行李物品时的照明

雾灯：安装在车头和车尾，位置比前照灯稍低。装于车头的雾灯称为前雾灯，装于车尾的雾灯称为后雾灯。光色为黄色或橙色（黄色光波较长，透雾性能好）。用于在有雾、下雪、暴雨或尘埃等恶劣条件下改善道路照明情况。

牌照灯：用于照亮尾部车牌，当尾灯点亮时，牌照灯也点亮。

顶灯：用于车内乘客照明，但必须不使司机炫目。通常客车车内灯都位于驾驶舱中部，使车内灯光分布均匀。

仪表灯：用于夜间照亮仪表盘，使驾驶员能迅速地看清仪表。尾灯点亮时，仪表灯也同时点亮。有些车还加装了灯光控制变阻器，使驾驶员能调整仪表灯的亮度。

行李舱灯：为行李舱提供照明的小灯。

由于前照灯在整个照明系统中具有特殊的光学性质，所以掌握前照灯的结构和电路原理对于汽车照明系统的维护和检修尤为重要。

2. 汽车前照灯

1）汽车前照灯的结构

汽车前照灯一般由光源（灯泡）、反射镜、配光镜（散光镜）三部分组成，如图1-7-1（a）所示。

①灯泡。汽车前照灯使用的灯泡有白炽灯泡、卤钨灯泡、新型高亮度弧光灯泡等。

a. 白炽灯泡：其灯丝用钨丝制成（钨的熔点高、发光强）。制造时，为了增加灯泡的使用寿命，灯泡内充入惰性气体（氮及其混合惰性气体）。这样可减少钨丝蒸发，提高灯丝的温度，增强发光效率。白炽灯泡发出的光线带有淡黄色。

b. 卤钨灯泡：卤钨灯泡是在充入的惰性气体中掺入某种卤族元素（如碘、氯、氟、溴等），利用卤钨再生循环反应的原理，即从灯丝上蒸发出来的气态钨与卤素反应生成了一种挥发性的卤化钨，它扩散到灯丝附近的高温区，又受热分解，使钨重新回到灯丝上，被释放出来的卤素继续扩散参与下一次循环反应，如此周而复始地循环下去，防止了钨的蒸发和灯泡的发黑现象。卤钨灯泡尺寸小，灯泡壳用耐高温、机械强度较高的石英玻璃制成，在相同功率下，卤钨灯的亮度为白炽灯的1.5倍，寿命长2~3倍。

c. 新型高亮度弧光灯泡：这种灯的灯泡里没有传统的灯丝。取而代之的是装在石英管内的两个电极。管内充有氙及微量金属（或金属卤化物），当电极上有足够的引弧电压时（5 000~12 000 V），气体开始电离而导电。气体原子处于激发状态，由于电子发生能级跃迁而开始发光。0.1 s后，电极间蒸发了少量水银蒸气，电源立即转入水银蒸气弧光放电，

待温度上升后再转入卤化物弧光灯工作。点燃达到灯泡正常工作温度后，维持电弧放电所需的功率很低（约35 W），故可节约40%的电能。

②反射镜。反射镜的作用是最大限度地将灯泡发出的光线聚合成强光束，以增加照射距离。

反射镜的表面形状呈旋转抛物面，一般由0.6~0.8 mm的薄钢板冲压而成，或由玻璃、塑料制成。其内表面镀银、铝或铬，然后进行抛光处理；灯丝位于反射镜的焦点处，其大部分光线经反射后，成为平行光束射向远方。无反射镜的灯泡，其光度只能照清周围6 m左右的距离，而经反射镜反射后的平行光束可照清远方100 m以上的距离。经反射镜后，尚有少量的散射光线，其中向上的完全无用，向侧方和下方的光线则有助于照明5~10 m处的路面和路缘。

③配光镜。配光镜又称散光玻璃［图1-7-1（b）］，由透光玻璃压制而成，是多块特殊棱镜和透镜的组合，外形一般为圆形或矩形。配光镜的作用是将反射镜反射出的平行光束进行折射，使车前的路面有良好而均匀的照明。

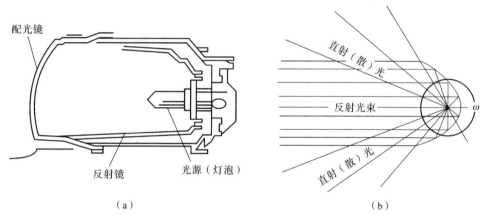

（a）   （b）

图1-7-1　汽车前照灯的结构
（a）汽车前照灯；（b）反射镜的聚光示意

《机动车运行安全技术条件》（GB 7258—2017）对前照灯主要有照明距离和位置、防眩目装置和发光强度的要求。

①前照灯照明距离和位置要求。为保证行车安全，驾驶员需要能辨明车前100 m以内路面上的任何障碍物，这就要求汽车远光灯的照明距离大于100 m，这个数据是依据汽车的行驶速度而定的。随着现代汽车行驶速度的提高，照明距离的要求会有所增大。汽车近光灯的照明距离要求在50 m左右。位置要求主要是照亮照明距离内的整段路面和不得偏离路面两点。

②前照灯防眩目要求。汽车前照灯应具有防眩目装置，以免夜间两车交会时使对面汽车的驾驶员炫目而导致交通事故。要求光束向下倾斜，照亮车前50 m内路面，从而避免迎面来车的驾驶员炫目。

③前照灯发光强度要求。在用车远光发光强度为：两灯制不小于15 000 cd（坎德拉），四灯制不小于12 000 cd；新注册车远光发光强度为：两灯制不小于18 000 cd，四灯制不小

于 15 000 cd。随着车辆制造技术的高速发展，有些国家开始试行三光束系统。三光束指的是高速远光、高速近光和近光。在高速公路上行驶时用高速远光，在无迎面来车的道路上行驶或在高速公路会车时用高速近光，在有迎面来车和市区运行时用近光。

2）汽车前照灯的类型

（1）前照灯光学系统是灯泡、反射镜和配光镜的组合体。按前照灯光学系统结构的不同，前照灯可分为半封闭式、封闭式和投射式三种。

①半封闭式前照灯。半封闭式前照灯的配光镜与反射镜粘在一起不可拆开，灯泡可以从反射镜后端装入，如图 1 - 7 - 2 所示。半封闭式前照灯的优点是灯丝烧断后只需更换灯泡，缺点是密封性不良。使用组合式前照灯，汽车制造厂才能按需要生产任何式样的前照灯配光镜，以便改进汽车空气动力特性、燃料经济性和汽车造型。

②封闭式前照灯。封闭式前照灯还分为标准封闭式前照灯和卤钨封闭式前照灯。

标准封闭式前照灯的光学系统，是将反射镜和配光镜熔焊为一个整体，形成灯泡外壳，灯丝焊在反射镜底座上，如图 1 - 7 - 3 所示。反射镜的反射面经真空镀铝，灯内充以惰性气体与卤素。这种结构的优点是密封性能好，反射镜不会受到大气的污染，反射效率高，使用寿命长。但灯丝烧坏后，需更换整个灯光组，成本较高。

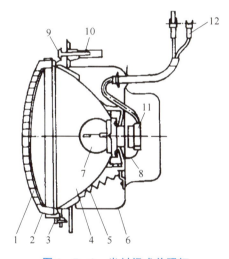

图 1 - 7 - 2 半封闭式前照灯

1—配光镜；2—固定圈；3—调整圈；4—反射镜；

5—拉紧弹簧；6—灯壳；7—灯；8—防尘罩；9—调节螺钉；

10—调整螺母；11—胶木插座；12—接线片

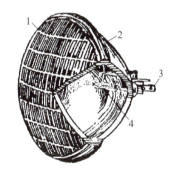

图 1 - 7 - 3 封闭式前照灯

1—配光镜；2—反射镜；3—插头；4—灯丝

③投射式前照灯。投射式前照灯的光学系统主要由灯泡、反射镜、遮光镜、凸型配光镜组成。它使用很厚的无刻纹的凸型配光镜，反射镜为椭圆形，所以其外径很小。投射式前照灯具有两个焦点：第一个焦点为灯泡；第二个焦点在灯光中形成，经过凸型配光镜聚集光线投向远方，结构如图 1 - 7 - 4 所示。其优点是焦点性能好。其光线投射途径是：

a. 灯泡射向上部的光线经过反射镜投向第二焦点后，经过凸型配光镜聚焦投向远方。

b. 同时灯泡射向下部的光线经过遮光镜反射，反射回反射镜再投向第二焦点，经过凸型配光镜聚焦投向远方。

（2）按照安装数量的不同，前照灯可分为：两灯制前照灯和四灯制前照灯。前者每只灯具有远、近光双光束；后者外侧一对灯为远、近双光束，内侧一对灯为远光单光束。

（3）按照安装方式的不同，前照灯可分为：外装式前照灯和内装式前照灯。前者整个灯具在汽车上外露安装；后者灯壳嵌装于汽车车身内，装饰圈、配光镜裸露在外。

（4）按照灯的配光镜形状不同，前照灯可分为：圆形、矩形和异形前照灯三类。

（5）按照发射的光束类型不同，前照灯可分为：远光前照灯、近光前照灯和远近光前照灯三类。

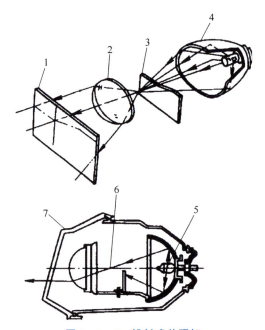

图 1-7-4　投射式前照灯

1—屏幕；2—凸型配光镜；3—遮光镜；4—椭圆形反射镜；5—第一焦点（F1）；6—第二焦点（F2）；7—总成

（6）其他形式的前照灯。

①高亮度弧光灯。高亮度弧光灯的结构如图 1-7-5 所示。这种灯的灯泡里没有灯丝，取而代之的是装在石英管内的两个电极，管内充有氙气及微量金属（或金属卤化物）。在电极上加上 5 000～12 000 V 电压后，气体开始电离而导电。由气体原子激发电极间少量水银蒸气弧光放电，最后转入卤化物弧光灯工作。采用多种气体是为了加快起动。

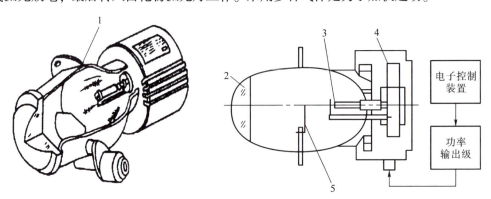

图 1-7-5　高亮度弧光灯

1—总成；2—透镜；3—弧光灯；4—引燃及稳弧部件；5—遮光板

弧光式前照灯由弧光灯组件、电子控制器和升压器三大部分组成。其灯泡的光色和日光灯相似，亮度是目前卤钨灯泡的 2.5 倍，寿命是卤钨灯泡的 5 倍，灯泡的功率为 35 W，可节能 40%。

②气体放电灯。近年德国宝马公司和波许公司携手研制了一种新式的前照灯——气体放电灯。气体放电灯是由小型石英灯泡、变压器和电子控制器组成的，通过变压器升压到 0.5 万 ~ 1.2 万 V 的高压电，激励小型石英灯泡发亮，其亮度比现在用的卤钨灯亮 2.5 倍，发出的亮光色调与太阳光十分相似，而且气体放电灯发亮并达到规定的工作温度时，功率消耗只有 35 W，比卤钨灯低三分之一，经济性高，很适宜用作轿车前照灯。目前一些中、高级轿车已经使用这种气体放电灯。

③LED 车灯。除了前照灯外，其他灯具例如示廓灯、指示灯、厢内照明灯等多是采用白炽灯。但近年也流行 LED 做指示灯，例如制动指示灯、转向指示灯等。

3）汽车前照灯的发展前景

轿车前照灯有两种功能：一种是照明；另一种是装饰。在今后几年内，前照灯的内在结构将发生一次重大的技术革命，灯具将会装上"脑袋"变成"聪明"的灯，智能化灯光系统将会面市。智能化灯光系统能使汽车前照灯随行驶状况的变化而实时变化，将会出现具有 10 ~ 15 种不同光束的前照灯，根据行驶速度和路面情况而"随机应变"。例如当方向盘转向时，会有传感器立即探明车辆要转弯，计算机接到信息后会立即发出指令指挥前照灯内的活动组灯，随方向盘的角度变化来更改灯光的投射角度等。

3. 汽车信号灯概述

汽车上除照明灯外，还有用以发出指示其他车辆或行人的灯光信号标志的灯，这些灯称为信号灯。

信号灯也分为外信号灯和内信号灯，外信号灯指转向灯、转向指示灯、制动灯、尾灯、停车灯、示廓灯、倒车灯等；内信号灯泛指仪表板的指示灯，主要有转向、机油压力、充电、制动、关门提示等指示灯。各种信号灯的种类、特点及用途见表 1 - 7 - 2。

表 1 - 7 - 2　信号灯的种类、特点及用途

种类	外信号灯					内信号灯	
	转向灯	示廓灯	停车灯	制动灯	倒车灯	转向指示灯	其他指示灯
工作时的特点	琥珀色；交替闪亮	白色或黄色；常亮	白色或红色；常亮	红色；常亮	白色；常亮	黄色；闪亮	白色；常亮
用途	告知路人或其他车辆将转弯	表示汽车宽度轮廓	表示汽车已经停驶	提示已减速或将停车	告知路人或其他车辆将倒车	表示车辆的转向方向	表示车辆的状况

转向指示灯：表示车辆的转弯方向。汽车前后的左右两边各装一只转向指示灯。车身总长超过 9 m 的（包括汽车带挂车）车辆，车身两侧面前方也应装设侧面转向指示灯。转向灯亮时，其光色为黄色，以每分钟 50 ~ 120 次的频率闪烁，以引起前后车辆及行人的注意（一般白天在 100 m 以外应能看清）。

示廓灯与尾灯：用于夜间给其他车辆指示车辆位置与宽度。位于前方的称为示廓灯，位

于后方的称为尾灯。

制动灯：制动灯也叫刹车灯，装在汽车尾部，是车辆重要的外在安全标识，以警告后面尾随的车辆或行人保持安全距离。其光色为红色，功率一般为 20 W。在正常情况下，制动灯亮时，车后相距 100 m 内的其他车辆驾驶员应看得很清楚，便于及时减速或停车。在雾、雨、雪的天气里要注意制动灯的运用，驾驶员在注意前方车辆灯光的同时，可以靠后视镜留意后车的位置，若发现后车离自己的车太近，可轻踩制动，使制动灯亮，以提醒后车适当拉开车距，防止因紧急踩制动，后车措手不及而发生追尾事故。

倒车灯：安装于车辆尾部，给驾驶员提供额外照明，使其能在夜间倒车时看清车的后面，也警告后面车辆，该车驾驶员想要倒车或正在倒车。当点火开关接通变速器换至倒车挡时，倒车灯点亮。

汽车转向灯及其闪光器：汽车转向灯主要是用来指示车辆的转弯方向，以引起交通民警、行人和其他驾驶员的注意，提高车辆行驶的安全性。另外，汽车转向灯同时闪烁作为危险警报的指示。汽车转向灯的闪烁是通过闪光器来实现的，通常按照结构和工作原理分为电容式、翼片式、晶体管式、电热丝式、集成电路式等。

过去汽车转向灯闪光器多采用电热丝式结构，由于它们工作稳定性差、寿命短、信号灯的亮暗不够明显，因而目前多采用结构简单、体积小、工作稳定、使用寿命长的电子式闪光器，即晶体管式和集成电路式两大类。下面将分别介绍这几种闪光器。

（1）电容式闪光器。电容式闪光器是利用电容器充、放电延时特性，使继电器的两个线圈产生的电磁吸力时而相同叠加，时而相反削减，从而使继电器产生周期性开关动作，使得转向信号灯及指示灯实现闪烁，电容式闪光器的结构及工作原理如图 1-7-6 所示。

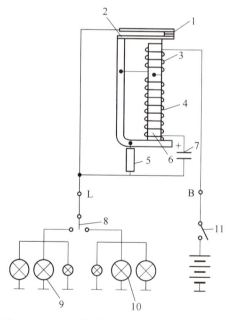

图 1-7-6 电容式闪光器的结构及工作原理

1—触点；2—弹簧片；3—串联线圈；4—并联线圈；5—灭弧电阻；6—铁芯；7—电解电容器；
8—转向灯开关；9—左转向信号灯及指示灯；10—右转向信号灯及指示灯；11—电源开关

（2）翼片式闪光器。翼片式闪光器是利用电流的热效应，以热胀条的热胀冷缩为动力，使翼片产生突变动作，接通和断开触点，使转向信号灯及转向信号指示灯实现闪烁的。图1-7-7和图1-7-8所示分别为直热和旁热翼片弹跳式闪光器结构及工作原理。

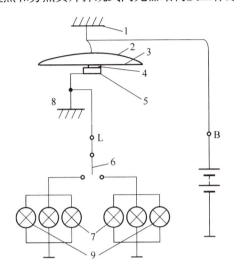

图1-7-7　直热翼片弹跳式闪光器结构及工作原理

1，8—支架；2—翼片；3—热胀条；4—动触点；5—静触点；6—转向开关；7—转向指示灯；9—转向信号灯

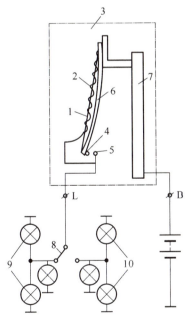

图1-7-8　旁热翼片弹跳式闪光器结构及工作原理

1—热胀条；2—电阻丝；3—闪光器；4—动触点；5—静触点；6—翼片；
7—支架；8—转向开关；9—左转向信号灯及指示灯；10—右转向信号灯及指示灯

（3）晶体管式闪光器。晶体管式闪光器分触点式和无触点式两种，结构及工作原理如图1-7-9和图1-7-10所示。

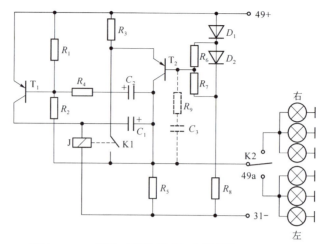

图 1 – 7 – 9　触点式晶体管式闪光器结构及工作原理

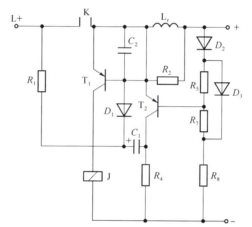

图 1 – 7 – 10　无触点式晶体管式闪光器结构及工作原理

（4）电热丝式闪光器。电热丝式闪光器是利用镍铬丝的热胀冷缩特性接通或断开转向灯电路，从而实现转向信号灯及转向指示灯的闪烁。SD56 型电热丝式闪光器的结构及工作原理如图 1 – 7 – 11 所示。

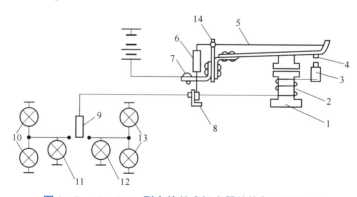

图 1 – 7 – 11　SD56 型电热丝式闪光器结构与工作原理

1—铁芯；2—线圈；3—固定触点；4—活动触点；5—镍铬丝；6—附加电阻丝；7，8—接线柱；9—转向开关；
10—左（前、后）转向灯；11—左转向指示灯；12—右转向指示灯；13—右（前、后）转向灯；14—调节片

（5）集成电路式闪光器。集成电路式闪光器与晶体管式闪光器的不同之处就是用集成电路 IC 取代了晶体管振荡器，这类闪光器也分有触点式和无触点式两种。其结构及工作原理如图 1-7-12 和图 1-7-13 所示。

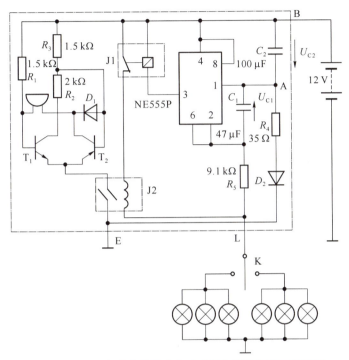

图 1-7-12　有触点式集成电路式闪光器结构及工作原理

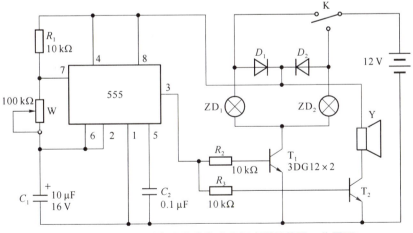

图 1-7-13　无触点式集成电路式闪光器结构及工作原理

4. 某车型照明系统故障排除实践项目

1）检查、维修注意事项

（1）安装车灯时，应根据标志及维修说明书要求，不得倾斜、侧置。

（2）要按车型配套使用灯泡等光学组件。

（3）应注意装配固定车灯，以保证其密封性能，防止水分及灰尘进入车灯。

（4）注意灯的搭铁极性，尤其对没有明显标记的灯泡，要注意判别远光、近光灯丝及搭铁极性。

（5）保证车灯电路接触良好并且清洁。

（6）更换灯泡前，应先切断电源；更换的灯泡要选择与原车型号和规格相同的原厂件。

（7）更换灯泡时，手指不能触及镜面，以免留下汗水或油印使反射镜失去光泽，降低反光效率。

（8）保证转向灯的灯泡功率相同并与闪光器配合一致。

（9）车灯发生故障不外乎灯泡损坏及线路断、短路。排除时可检查相应的熔断丝和灯泡的技术状况以及相应的线路是否良好。

（10）做好定期维护，并按标准检验和调整，以保持灯泡的技术状况完好。

2）汽车照明与信号系统的检修

汽车照明和信号系统的故障分为两类：一类是器件本身的故障；另一类是线路存在的故障。

3）汽车灯光的常见故障

汽车灯光的常见故障一般有灯光不亮、灯光亮度低、灯泡频繁烧坏等。在进行故障诊断时，应根据电路图对电路进行检查，判断出故障的部位。

（1）灯光不亮。引起灯光不亮的原因主要有灯泡损坏、熔断丝熔断、灯光开关或继电器损坏、线路短路或断路故障等。如果只有一只灯不亮，一般是该灯的灯丝烧断，可将灯泡拆下后检查。如果是几只灯都不亮，再按喇叭，喇叭也不响，则是总熔断器熔断。若同属一个熔断丝的灯泡都不亮，则可能是该支路的熔断丝被熔断。处理熔断器熔断故障时，在将总熔断器复位或更换新的熔断丝之前，应查找出超负荷的原因。其方法是：将熔断丝所接各灯的接线从灯座拔掉，用万用表电阻挡测量灯端与搭铁之间的电阻，若电阻较小或为0，则可断定线路中有搭铁故障。排除故障后，再把熔断器复位或更换新的熔断丝。

另外，其他部位的检查方法有：

①继电器的检查。将继电器线圈直接供电，可检查出继电器是否能正常工作，如不能正常工作，应更换继电器。

②灯光开关的检查。可用万用表检查开关各挡位的通断情况，若与要求不符，应更换灯光开关。

③线路的检查。在检查线路时，可用万用表或试灯逐段检查线路，以便找出短路或断路故障的部位。

（2）灯光亮度下降。灯光亮度不够，多为蓄电池电量不足或发电机、调节器的故障所致。

另外，导线接头松动或接触不良、导线过细或搭铁不良、散光镜损坏或反射镜有尘垢、灯泡玻璃表面发黑或功率过低、灯丝没有位于反射镜的焦点上等情况，均可导致灯光暗淡，需要逐一检查排除。

检查时，首先要检查蓄电池和发电机的工作状态，若不符合要求，应先恢复电源系统的正常工作电压。在电源正常的状态下，再检查线路的连接情况及灯具是否良好。

（3）灯泡频繁烧坏。灯泡频繁烧坏的原因一般是电压调节器不当或失调，使发电机输出电压过高，应重新将输出电压调整到正常工作范围。此外，灯具的接触不良也是造成灯泡频繁损坏的原因。

4）转向指示灯电路的常见故障

（1）转向开关打到左侧或右侧时，转向指示灯闪烁比正常情况快。这种故障现象说明这一侧的转向灯灯泡有烧坏的，或转向灯的接线、搭铁不良。

排除方法：更换灯泡。若接线搭铁不良，则视情况处理。

（2）左、右转向灯均不亮。这种故障的原因可能是熔断丝烧断、闪光器损坏、转向开关出现故障或线路有断路的地方。

排除方法：

①检查熔断丝，断了更换。

②检查闪光器。

③若以上正常，则检查转向灯开关及其接线，视情况修理或更换。

除以上检查方法外，还可以先打开危险警告开关，若左、右转向灯不亮，则说明闪光器有故障。

❄ 1.8 空调系统认知与维护

 学习目标

（1）了解汽车空调系统的结构和类型；

（2）掌握空调系统电路、典型故障排除方法。

1. 汽车空调系统概述

汽车空调是用来改善汽车舒适性的设备，可以对车内空气的温度、湿度进行调节，并保持车内的空气清洁。汽车空调通常都具备以下功能（图1-8-1）：

调节温度：将车内的温度调节到人体感觉适宜的程度。

调节湿度：将车内的湿度调节到人体感觉适宜的程度。

调节气流：调节车内出风口的位置、出风的方向及风量的大小。

净化空气：滤去空气中的尘土和杂质，或对空气进行杀菌消毒。

图1-8-1 汽车空调功能示意

为完成空调的上述功能，汽车空调系统通常应包括：

暖风装置，用以提高车内的温度。

制冷装置，用以降低车内的温度，并降低车内的湿度。

通风装置，用以调节车内的气流。

空气净化装置，用以过滤空气及对空气进行消毒处理。

车辆的配置不同，所装备的空调装置也有所不同，一般低档汽车只有暖风和通风装置，中、高档汽车一般都具备制冷和空气净化装置。图1-8-2所示为空调系统的组成部件在车上的布置，图1-8-3所示为典型的手动控制空调系统的控制面板，图1-8-4所示为典型的自动控制空调系统的控制面板。

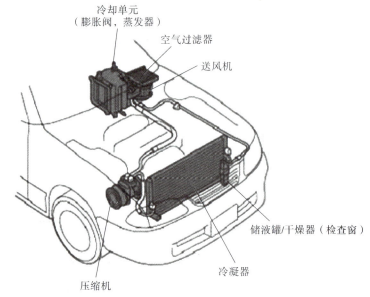

图1-8-2　空调系统的组成部件在车上的布置

图1-8-3　典型的手动控制空调系统的控制面板

图1-8-4　典型的自动控制空调系统的控制面板

空调系统控制有手动控制和自动控制之分，手动控制空调需要驾驶员通过旋钮或拨杆对控制对象进行调解，如改变温度等。自动控制空调只需驾驶员输入目标温度，空调系统便可按照驾驶员的设定自动进行调节。

2. 制冷剂

制冷剂是制冷循环当中传热的载体，通过状态变化吸收和放出热量，因此制冷剂在常温下很容易气化，加压后很容易液化，同时在状态变化时要尽可能多地吸收或放出热量（有较大的气化或液化潜热）；同时，制冷剂还应具备以下性质：

（1）不易燃易爆。

（2）无毒。

（3）无腐蚀性。

（4）对环境无害。

制冷剂的英文名称为refrigerant，所以常用其头一个字母R来代表制冷剂，后面表示制冷剂名称，如R12、R22、R134a等。过去常用的制冷剂是R12（又称为氟立昂），这种制冷剂各方面的性能都很好，但是有一个很大的缺点，就是对大气环境产生破坏。它能够破坏大气中的臭氧层，使太阳的紫外线直接照射到地球，对植物和动物造成伤害。目前我国已停止生产用R12作为制冷剂的汽车空调系统。

R12的替代品目前汽车上广泛采用的是R134a，在大气压下的沸点为 – 26.9 ℃，在98 kPa的压力下沸点为 –10.6 ℃（图1 – 8 –5）。如果在常温常压的情况下将其释放，R134a便会立即吸收热量开始沸腾并转化为气体；对R134a加压后，它也很容易转化为液体。R134a的特性如图1 – 8 –6所示。该曲线上方为气态，下方为液态，如果要使R134a从气态转变为液态，可以降低温度，也可以提高压力，反之亦反。

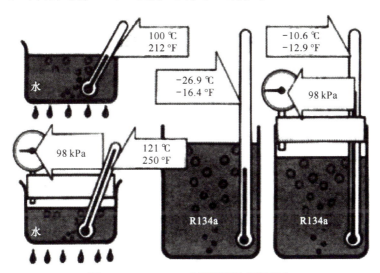

图1 – 8 – 5　R134a在不同压力下的沸点

注意：R12和R134a两种制冷剂不可以互换使用。

3. 冷冻润滑油

在空调制冷系统中有相对运动的部件需要润滑，由于制冷系统中的工作条件比较特殊，

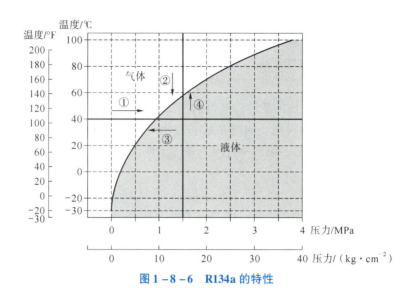

图 1 - 8 - 6 R134a 的特性

所以需要专门的润滑油——冷冻润滑油。冷冻润滑油除了可以起到润滑作用以外，还可以起到冷却、密封和降低机械噪声的作用。在制冷系统中的润滑油还要满足一个特殊的要求，就是要与制冷剂相容，并且随着制冷剂一起循环。因此在冷冻润滑油的选用上，一定要注意正确地选用冷冻润滑油的型号，切不可乱用，否则将造成严重后果。

4. 暖风系统

汽车的暖风系统可以将车内的空气或从车外吸入车内的空气加热，提高车内的温度。汽车的暖风系统有许多类型，按热源的不同可分为热水取暖系统、燃气取暖系统、废气取暖系统等，目前小型车上主要采用热水取暖系统，大型车辆上主要采用燃气取暖系统。

1）热水取暖系统

（1）热水取暖系统的工作原理。

热水取暖系统的热源通常采用发动机的冷却液，使冷却液流过一个蒸发器，再使用鼓风机将冷空气吹过蒸发器加热空气，使车内的温度升高，如图 1 - 8 - 7 所示。

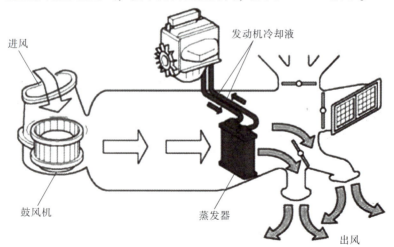

图 1 - 8 - 7 热水取暖系统的工作原理

（2）热水取暖系统的组成和部件的安装位置。

热水取暖系统主要由蒸发器、水阀、鼓风机、控制面板等组成。

①蒸发器。蒸发器的结构如图1-8-8所示，由水管和散热器片组成，发动机的冷却液进入蒸发器的水管，通过散热器片散热后，再返回发动机的冷却系统。

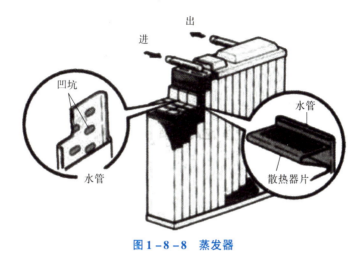

图1-8-8　蒸发器

②水阀。水阀用来控制进入蒸发器的水量，进而调节暖风系统的加热量，可通过控制面板上的调节杆或旋钮进行控制，其结构如图1-8-9所示。

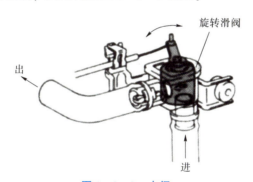

图1-8-9　水阀

③鼓风机。鼓风机由可调节速度的直流电动机和鼠笼式风扇组成，其作用是将空气吹过蒸发器加热后送入车内。调节电动机的速度，可以调节向车厢内的送风量。

（3）热水取暖系统调节温度的方式。

就暖风系统而言，其温度的调节方式有两种：一种是空气混合型；另一种是水流调节型。

①空气混合型。这种类型的暖风系统在暖风的气道中安装空气混合调节风门，这个风门可以控制通过蒸发器的空气和不通过蒸发器的空气的比例，从而实现温度的调节。目前绝大多数汽车均采用这种方式，其示意如图1-8-10所示。

②水流调节型。这类暖风系统采用前述的水阀调节流经蒸发器的热水量，改变蒸发器本身的温度，进而调节车内温度。

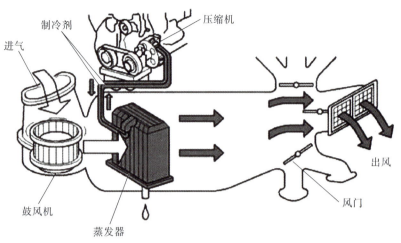

图1-8-10　空气混合型暖风系统

2）燃气取暖系统

在大、中型客车上，仅靠发动机冷却液的余热取暖是远远满足不了要求的，因此，大、中型客车常采用燃气取暖系统。燃气取暖系统如图1-8-11所示。燃油和空气在燃烧室中混合燃烧，加热发动机的冷却液，加热后的水进入蒸发器向外散热，降温后返回发动机再进行循环。

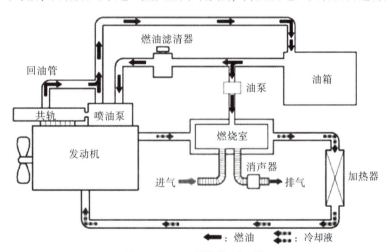

图1-8-11　燃气取暖系统

5. 制冷系统

制冷系统的作用是将车内的热量通过制冷剂在循环系统中循环转移到车外，实现车内降温。制冷系统主要包括制冷循环系统和控制系统等部分。目前各种车辆的制冷循环系统无多大区别，而控制系统在各车型中差别较大。本节主要介绍制冷循环系统部分。

1）制冷循环系统的类型

从前述的制冷原理我们已经知道，通过制冷循环系统可以将车内的热量转移到车外，目前车辆上采用的制冷循环系统，大致可以分为膨胀阀式和膨胀管式两种方式。

（1）膨胀阀式制冷循环系统。图1-8-12所示为膨胀阀式制冷循环系统，该循环系统主要包括压缩机、冷凝器、储液干燥罐、膨胀阀、蒸发器和管路等部件。

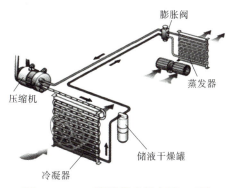

图 1 - 8 - 12　膨胀阀式制冷循环系统

　　这种制冷循环系统的工作原理是用压缩机提高气体制冷剂的压力（同时温度也提高），目的是使制冷剂比较容易液化放热。高压的气体制冷剂进入冷凝器，冷凝器风扇使空气通过冷凝器的缝隙，带走制冷剂放出的热量并使其液化。液化后的制冷剂进入储液干燥罐，储液干燥罐滤掉其中的杂质、水分，同时存储适量的液态的制冷剂以保证制冷负荷发生变化时制冷剂不会断流。从储液干燥罐出来的制冷剂流至膨胀阀，从膨胀阀中的节流孔喷出形成雾状制冷剂，雾状的制冷剂进入蒸发器，由于压力急剧下降，制冷剂便很快蒸发汽化，并吸收热量。蒸发器外部的风扇使空气不断通过蒸发器的缝隙，空气温度下降，使车内温度降低，而从蒸发器出来的气态制冷剂再进入压缩机重复上述过程。这种循环系统中的膨胀阀可以根据制冷负荷的大小调节制冷剂的流量。

　　（2）膨胀管式制冷循环系统（CCOT 方式）。膨胀管式制冷循环系统从制冷的工作原理来看，与膨胀阀式制冷循环系统无本质的差别，只不过将可调节流量的膨胀阀换成不可调节流量的膨胀管，使其结构更加简单，其制冷循环如图 1 - 8 - 13 所示。为了防止液态的制冷剂进入而造成压缩机的损坏，这种循环系统将储液干燥罐安装在蒸发器的出口，并按照它所起的作用更名为集液器，同时进行气液分离，液体留在罐内，气体进入压缩机，其他部分的工作过程与膨胀阀式制冷循环系统相同。

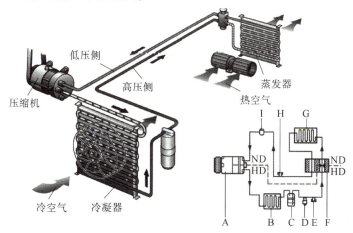

图 1 - 8 - 13　膨胀管式制冷循环系统

A—压缩机；B—冷凝器；C—储液干燥罐；D—高压开关；
E—高压维修开关；F—膨胀阀；G—蒸发器；H—低压维修接头；I—减振器

2）制冷循环系统的组成部件

制冷循环系统中各部件在车上的安装位置如图 1 – 8 – 14 所示。下面对各主要组成部件分别予以介绍。

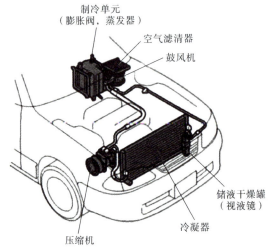

制冷单元
（膨胀阀，蒸发器）

空气滤清器

鼓风机

储液干燥罐
（视液镜）

冷凝器

压缩机

图 1 – 8 – 14　制冷循环系统各部件的安装位置

（1）压缩机。压缩机的作用是将从蒸发器出来的低温、低压的气态制冷剂通过压缩转变为高温、高压的气态制冷剂，并将其送入冷凝器。目前汽车空调系统所采用的压缩机有多种类型，比较常见的有旋转斜盘式压缩机、摇板式压缩机、曲轴连杆式压缩机、涡旋式压缩机等。此外，压缩机还可分为定排量和变排量两种型式，变排量压缩机可根据空调系统的制冷负荷自动改变排量，使空调系统运行更加经济。

①旋转斜盘式压缩机。

结构：旋转斜盘式压缩机的结构如图 1 – 8 – 15 所示。这种压缩机通常在机体圆周方向上布置有 6 个或者 10 个气缸，每个气缸中安装一个双向活塞形成 6 缸机或 10 缸机，每个气缸两头都有进气阀和排气阀。活塞由斜盘驱动，在气缸中往复运动，活塞的一侧压缩时，另一侧则为进气。

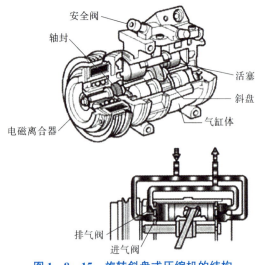

安全阀

轴封

活塞

斜盘

电磁离合器

气缸体

排气阀

进气阀

图 1 – 8 – 15　旋转斜盘式压缩机的结构

工作过程：旋转斜盘式压缩机的结构示意如图1-8-16所示。压缩机轴旋转时，轴上的斜盘同时驱动所有的活塞运动，部分活塞向左运动，部分活塞向右运动。图中的活塞在向左运动中，活塞左侧的空间缩小，制冷剂被压缩，压力升高，打开排气阀，向外排出；与此同时，活塞右侧空间增大，压力减小，进气阀开启，制冷剂进入气缸。由于进、排气阀均为单向阀结构，所以可保证制冷剂不会倒流。

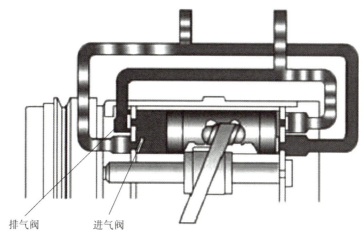

排气阀　　　进气阀

图1-8-16　旋转斜盘式压缩机的结构示意

②摇板式压缩机。

结构：这种压缩机是一种变排量的压缩机，其结构如图1-8-17所示。它的结构与旋转斜盘式压缩机类似，通过斜盘驱动周向分布的活塞，只是将双向活塞变为单向活塞，并可通过改变斜盘的角度改变活塞的行程，从而改变压缩机的排量。压缩机旋转时，压缩机轴驱动与其连接的凸缘盘，凸缘盘上的导向销钉再带动斜盘转动，斜盘最后驱动活塞往复运动。

工作过程：压缩制冷剂的工作过程此处不再重复，这里主要介绍一下变排量的原理。如图1-8-18所示，这种压缩机可以根据制冷负荷的大小改变排量，制冷负荷减小时，可以使斜盘的角度减小，从而减小活塞的行程，使排量降低；负荷增大时则相反。下面以负荷减小为例来说明压缩机排量如何减小：制冷负荷的减小会使压缩机低压腔压力降低，低压腔压力降低可使波纹管膨胀而打开控制阀，高压腔的制冷剂便会通过控制阀进入斜盘腔，使斜盘腔的压力升高。

③曲轴连杆式压缩机。

结构：这种压缩机的结构与发动机相似，由曲轴连杆驱动活塞往复运动，一般采用双缸结构，每缸上方装有进、排气阀片，压缩机的具体结构如图1-8-19所示。

工作过程：曲轴连杆式压缩机的工作过程如图1-8-20所示，整个工作过程由吸气、压缩和排气三个过程组成，活塞下行时进气阀开启，制冷剂进入气缸；活塞上行时，制冷剂被压缩，当达到一定压力时，排气阀打开，制冷剂排出。

这种压缩机由于体积较大，目前已很少在小型车上使用。

（2）冷凝器。冷凝器的作用是将压缩机送来的高温、高压的气态制冷剂转变为液态制冷剂。制冷剂在冷凝器中散热而发生状态的改变，因此冷凝器是一个热交换器，将制冷剂在车内吸收的热量通过冷凝器散发到大气中去。

小型汽车的冷凝器通常安装在汽车的前面（一般安装在散热器前），通过风扇进行冷却（冷凝器风扇一般与散热器风扇共用，也有车型采用专用的冷凝器风扇）。

（a）

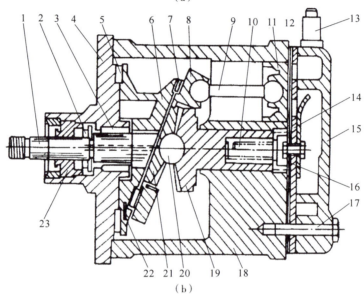

（b）

图1-8-17 摇板式压缩机的结构

（a）实物；（b）结构

1—主轴；2—轴封；3—轴承；4—前盖；5—平面止推轴承；6—斜盘；7—平面止推轴承；8—摇板（行星盘）；
9—球形连杆；10—弹簧；11—活塞；12—气缸垫；13—吸、排气口；14—阀板组件；15—气缸盖；16—调节螺钉；
17—连接螺钉；18—缸体；19—防旋齿轮（固定齿）；20—钢球；21—防旋齿轮（动齿）；22—平衡块（铸入斜盘中）；23—油毛毡

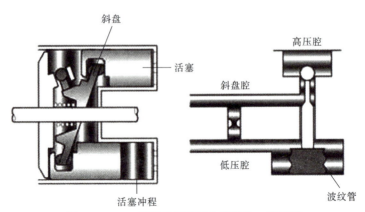

图1-8-18 摇板式压缩机变排量的工作过程

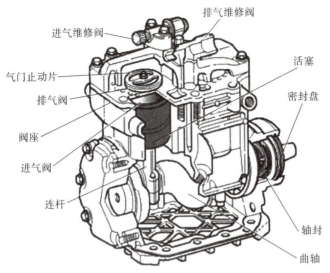

图 1 - 8 - 19 曲轴连杆式压缩机的结构

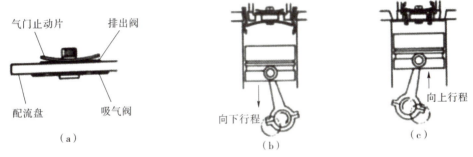

图 1 - 8 - 20 曲轴连杆式压缩机的工作过程

（a）压缩机构；（b）吸气；（c）排气

冷凝器的结构如图 1 - 8 - 21 所示，主要由管路和散热器片组成，有一个制冷剂的进口和一个出口。

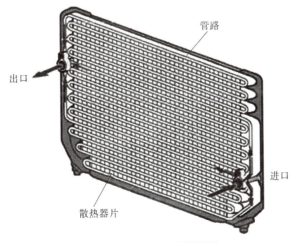

图 1 - 8 - 21 冷凝器的结构

（3）储液干燥罐和集液器。

①储液干燥罐。储液干燥罐用于膨胀阀式制冷循环系统，其作用是：

ⓐ暂时存储制冷剂，使制冷剂的流量与制冷负荷相适应。

ⓑ去除制冷剂中的水分和杂质，确保系统正常运行（如果系统中有水分，有可能造成水分在系统中结冰，堵塞制冷剂的循环通道，造成故障。如果制冷剂中有杂质，也可能造成系统堵塞，使系统不能制冷）。

ⓒ部分储液干燥罐上装有观察玻璃（视液镜），可观察制冷剂的流动情况，确定制冷剂的数量。

ⓓ有些储液干燥罐上装有易熔塞，在系统压力、温度过高时，易熔塞熔化，放出制冷剂，保护系统重要部件不被破坏。

ⓔ还有些储液干燥罐上安装有维修阀，供维修制冷系统时安装压力表和加注制冷剂之用。

ⓕ有些车型的储液干燥罐上装有压力开关，可在系统压力不正常时，中止压缩机的工作。

储液干燥罐的结构如图1-8-22所示，干燥罐内有过滤器和干燥剂，罐的上方有观察玻璃（视液罐）、进口和出口。

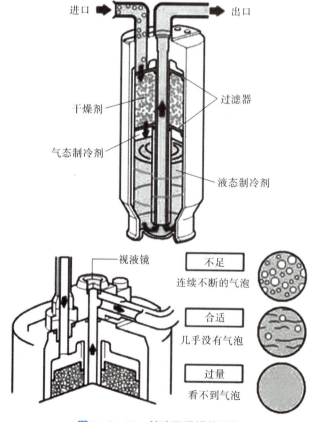

图1-8-22 储液干燥罐的结构

②集液器。集液器用于膨胀管式制冷循环系统，安装在蒸发器出口处的管路中。由于膨

胀管无法调节制冷剂的流量，因此从蒸发器出来的制冷剂不一定全部是气体，可能有部分液体，为防止压缩机损坏，故在蒸发器出口处安装集液器，它一方面将制冷剂进行气液分离，另一方面起到与储液干燥罐相同的作用，其结构如图 1 – 8 – 23 所示。

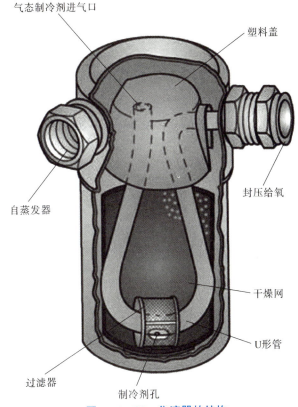

气态制冷剂进气口

塑料盖

封压给氧

自蒸发器

干燥网

U形管

过滤器

制冷剂孔

图 1 – 8 – 23　集液器的结构

制冷剂进入集液器后，液体部分沉在集液器底部，气体部分从上面的管路进入压缩机。

（4）膨胀阀和膨胀管。

①膨胀阀。膨胀阀安装在蒸发器的入口处，其作用是将从储液干燥罐来的高温、高压的液态制冷剂从膨胀阀的小孔喷出，使其降压，体积膨胀，转化为雾状制冷剂，在蒸发器中吸热变为气态制冷剂，同时还可根据制冷负荷的大小调节制冷剂的流量，确保蒸发器出口处的制冷剂全部转化为气体。

膨胀阀的结构形式有三种，分别为外平衡式膨胀阀、内平衡式膨胀阀和 H 型膨胀阀，下面分别予以介绍。

外平衡式膨胀阀：外平衡式膨胀阀的结构如图 1 – 8 – 24 所示。膨胀阀的入口接储液干燥罐，出口接蒸发器。膨胀阀的上部有一个膜片，膜片上方通过毛细管接热敏管，热敏管安装在蒸发器出口的管路上，内部充满制冷剂气体，蒸发器出口处的温度发生变化时，热敏管内的气体体积也会发生变化，进而产生压力变化，这个压力变化就作用在膜片的上方。膜片下方的腔室还有一根平衡管通蒸发器出口。阀的中部有一阀门，阀门控制制冷剂的流量，阀门的下方有一调整弹簧，弹簧的弹力试图使阀门关闭，弹簧的弹力通过阀门上方的杆作用在膜片的下方。可以看出，膜片共受到三个力的作用：一个是热敏管中制冷剂气体向下的压力；一个是弹簧向上的推力；还有一个是蒸发器出口制冷剂的压力（作用在膜片的下方），阀的开度取决于这三个力综合作用的结果。

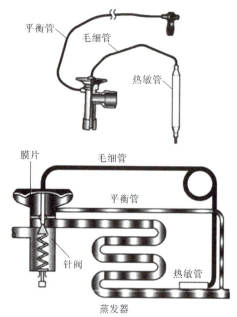

图 1 – 8 – 24　外平衡式膨胀阀的结构

当制冷负荷发生变化时，膨胀阀可根据制冷负荷的变化自动调节制冷剂的流量，确保蒸发器出口处的制冷剂全部转化为气体并有一定的过热度。当制冷负荷减小时，蒸发器出口处的温度就会降低，热敏管的温度也会降低，其中的制冷剂气体便会收缩，使膨胀阀膜片上方的压力减小，阀门就会在弹簧和膜片下方气体压力的作用下向上移动，减小阀门的开度，从而减小制冷剂的流量。反之，制冷负荷增大时，阀门的开度会增大，增加制冷剂的流量。当制冷负荷与制冷剂的流量相适应时，阀门的开度保持不变，维持一定的制冷强度。

内平衡式膨胀阀：内平衡式膨胀阀的结构与外平衡式膨胀阀的结构大同小异，如图 1 – 8 –25所示，不同之处在于内平衡式膨胀阀没有平衡管，膜片下方的气体压力直接来自蒸发器的入口。内平衡式膨胀阀的工作过程与外平衡式膨胀阀的工作过程完全相同。

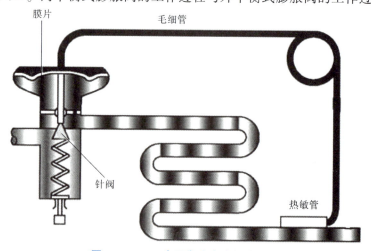

图 1 – 8 – 25　内平衡式膨胀阀的结构

"H"型膨胀阀："H"型膨胀阀采用内、外平衡式膨胀阀的制冷系统，其蒸发器的出口和入口不在一起，因此需要在出口处安装热敏管和管路，结构比较复杂。如果将蒸发器的出口和入口做在一起，就可以将热敏管的管路去掉，这就形成了H型膨胀阀，如图1-8-26所示。

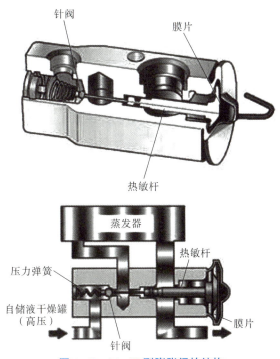

图1-8-26　H型膨胀阀的结构

"H"型膨胀阀中也有一个膜片，膜片的左方有一个热敏杆，热敏杆的周围是蒸发器出口处的制冷剂，制冷剂的温度变化（制冷负荷变化）可通过热敏杆使膜片右方气体的压力发生变化，从而使阀门的开度变化，调节制冷剂的流量以适应制冷负荷的变化。H型膨胀阀具有结构简单、工作可靠的特点，在汽车上的应用越来越广。

②膨胀管。膨胀管的作用与膨胀阀的作用基本相同，只是将调节制冷剂流量的功能取消了。其结构如图1-8-27所示。膨胀管的节流孔径是固定的，入口和出口都有滤网。由于节流管没有运动部件，具有结构简单、成本低、可靠性高、节能的优点，因此美、日等国有许多高级轿车采用膨胀管式制冷循环系统。

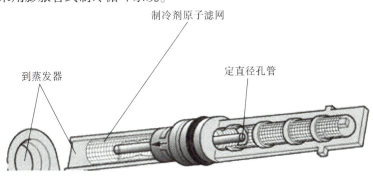

图1-8-27　膨胀管的结构

③蒸发器。蒸发器也是一个热交换器，膨胀阀喷出的雾状制冷剂在蒸发器中蒸发，吸收通过蒸发器空气中的热量，使其降温，达到制冷的目的；在降温的同时，溶解在空气中的水分也会由于温度降低凝结出来，蒸发器还要将凝结的水分排出车外。蒸发器安装在驾驶舱仪表台的后面，其结构如图 1-8-28 所示，主要由管路和散热器片组成，在蒸发器的下方还有接水盘和排水管。

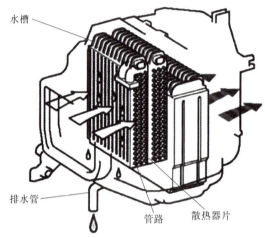

图 1-8-28 蒸发器的结构

空调制冷系统工作时，鼓风机的风扇将空气吹过蒸发器，空气和蒸发器内的制冷剂进行热交换，制冷剂汽化，空气降温，同时空气中的水分凝结在蒸发器的散热器片上，并通过接水盘和排水管排出车外。

6. 调节系统

空调的调节系统有手动调节和自动调节之分，为说明调节系统的工作情况，现以手动调节进行说明。手动调节包括温度调节、出风口位置调节、鼓风机风速调节和空气的内外循环调节等。调节是通过空调控制面板上的拨杆或旋钮进行的，空调的控制面板如图 1-8-29 所示。

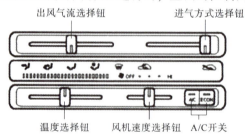

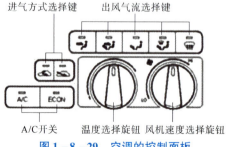

图 1-8-29 空调的控制面板

空调控制面板上有温度调节、气流选择调节、鼓风机速度调节、空气进气选择调节（内外循环选择）、空调开关（A/C）和运行模式选择开关。其中温度调节、气流选择调节、空气进气选择调节是通过气道中的调节风门实现的（图1-8-30），空调开关和运行模式选择开关、鼓风机速度调节是通过电路控制实现的。空调控制面板到调节风门的控制方式分为拉线式和电动式，如图1-8-31所示。

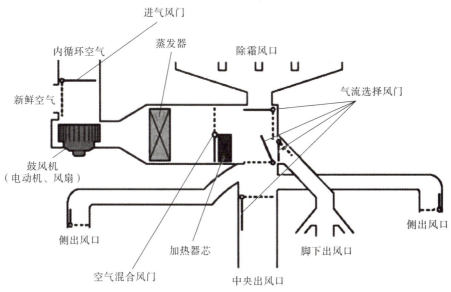

图1-8-30　空调调节系统的调节风门

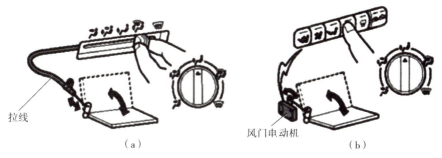

（a）　　　　　　　　　　　　　　　　（b）

图1-8-31　空调调节风门的控制方式

（a）拉线式；（b）电动式

1）温度调节

目前小型车的空调系统基本上是冷气和暖风采用一个鼓风机，温度调节采用冷暖风混合的方式，在空气的进气道中，所有的空气都通过蒸发器，用一个调节风门控制通过蒸发器的空气量，通过蒸发器的空气和未通过蒸发器的空气混合后形成不同温度的空气从出风口吹出，实现温度调节。在空调的控制面板上设有温度调节拨杆或旋钮，用来改变温度调节风门的位置。温度调节风门的位置如图1-8-32~图1-8-34所示。

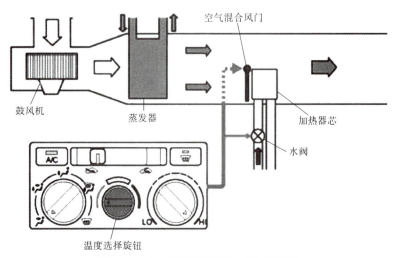

图1-8-32　温度调节风门在冷的位置

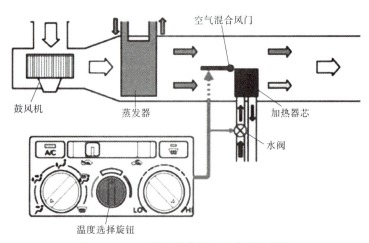

图1-8-33　温度调节风门在中间的位置

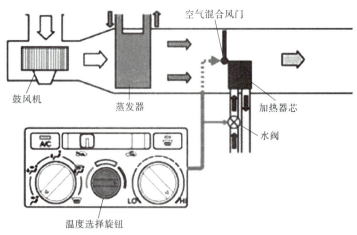

图1-8-34　温度调节风门在热的位置

2）气流选择调节

现代轿车空调系统分别设置了中央出风口、侧出风口、脚下出风口和风挡玻璃除霜出风口等不同的出风口，可以根据需要，选择不同的出风口出风，这种功能是通过控制面板上的气流选择调节拨杆或旋钮实现的，调节的情况如图 1-8-35~图 1-8-39 所示。

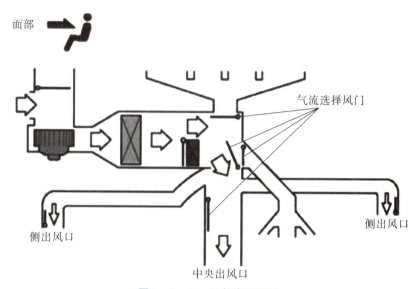

图 1-8-35　面部出风位置

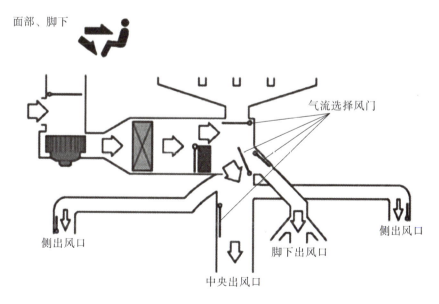

图 1-8-36　面部和脚下出风位置

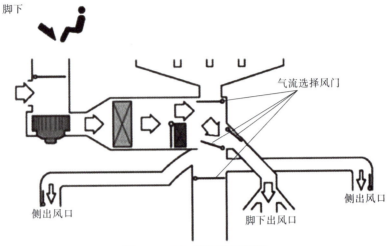

图 1 - 8 - 37 脚下出风位置

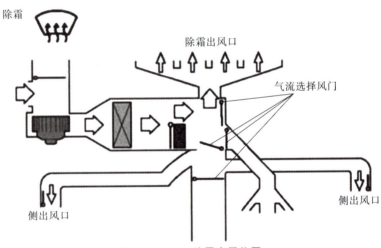

图 1 - 8 - 38 除霜出风位置

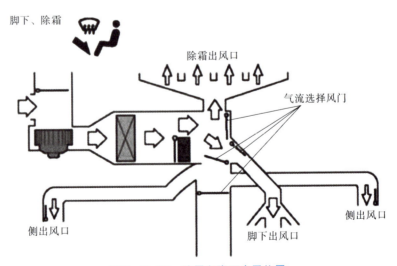

图 1 - 8 - 39 除霜和脚下出风位置

3）空气进气选择调节

空气调节系统可以选择进入车内的空气是外部的新鲜空气还是车内的非新鲜空气，选择外部新鲜空气称为外循环，选择车内空气称为内循环。这种选择可以通过控制面板上的内外循环选择按钮或拨杆控制进气口处的调节风门实现，如图 1-8-40 所示。

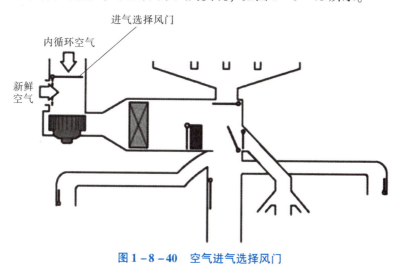

图 1-8-40　空气进气选择风门

4）鼓风机转速调节

鼓风机转速是通过在鼓风机电路中串入不同的电阻实现的，如图 1-8-41 所示。在鼓风机电路中串入 3 个电阻，通过开关控制，实现 4 个转速挡（空调控制面板上的 LO、2、3、HI）。如果将电阻改为电子控制，则可实现无级调速。

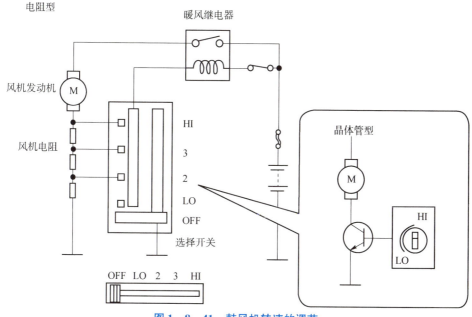

图 1-8-41　鼓风机转速的调节

7. 通风系统

通风系统的作用是将车外的新鲜空气引入车内，将车内的污浊空气排出车外，同时通风系统还具有风窗除霜的作用。通风系统可使车内的空气保持新鲜，提高车辆的舒适性。目前汽车上的通风有两种基本的方式：一种是利用汽车行驶中产生的动压进行通风；另一种利用车上的鼓风机进行强制通风。

1）动压通风

动压通风是利用汽车在行驶时各个部位所产生的不同压力进行通风的，汽车在行驶时的压力分布如图 1 - 8 - 42 所示。在考虑通风时，只要将进风口设在正压区，排风口设在负压区即可。这种通风方式不需要另加动力，比较经济，但汽车在行驶速度较低时，通风的效果较差。

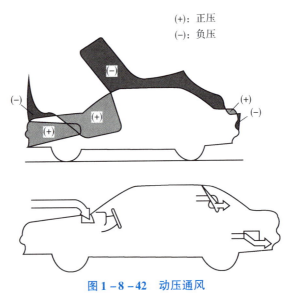

图 1 - 8 - 42　动压通风

2）强制通风

强制通风是利用鼓风机进行通风，在进风口安装一台鼓风机将车外的空气吸入车内，车内的空气从排风口排出，如图 1 - 8 - 43 所示。这种通风方式不受车速的限制，通风效果较好，目前汽车通常都是利用空调系统的鼓风机进行强制通风。

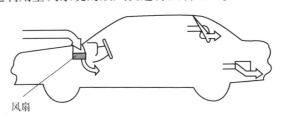

图 1 - 8 - 43　强制通风

如果将上述两种通风方式结合起来，就形成了所谓综合通风方式：汽车在低速行驶时采用强制通风，高速行驶时采用动压通风，这样就保证了汽车在各种工况下都能保持良好的通风效果，同时也降低了能耗。目前，小型汽车上基本上都采用了综合通风的方式。

8. 空气净化系统

空气净化系统可以除去车内空气中的灰尘，保持车内空气清洁，部分车辆的空气净化系统还具备去除异味、杀灭细菌的作用，一些高级轿车上的空气净化系统还装备了负氧离子发生器，使车内的空气更加清新。目前大多数车辆的空气净化系统所采用的方法是在空调系统的进气系统中安装空气滤清器（图1-8-44），通过滤清器滤除空气中的尘埃，使车内的空气保持清洁。

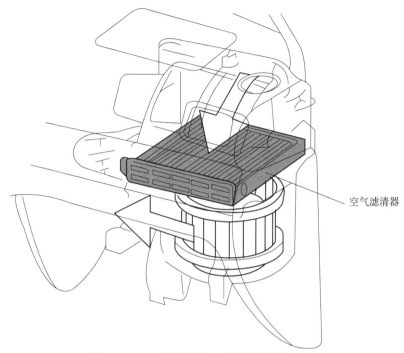

图1-8-44 空调进气系统中的空气滤清器

有些车辆的空气净化系统在滤清器中加入活性炭，可吸收空气中的异味。还有些车辆在净化系统中设有烟雾传感器，当传感器检测到车内存在烟气时，便通过放大器自动使鼓风机风扇以高速挡运转，排出车内的烟气，如图1-8-45所示。

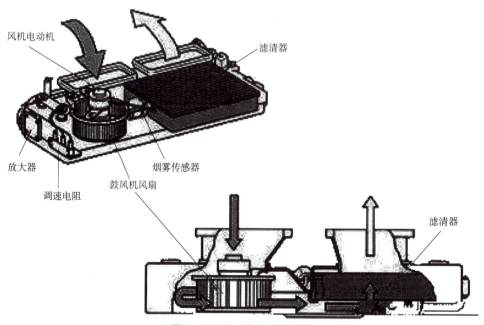

图1-8-45 空气净化系统

　　高档车辆的空气净化系统除上述装置外，在系统中还有杀菌灯和离子发生器，如图 1 - 8 - 46 所示。

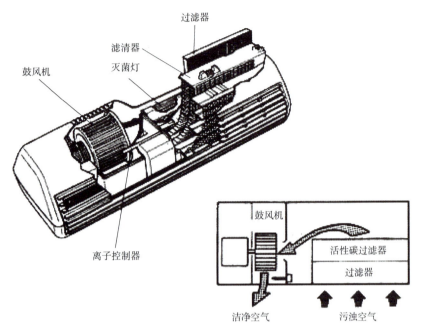

图 1 - 8 - 46　有杀菌灯和离子发生器的空气净化系统

9. 控制系统

　　空调控制系统的功能是保证空调制冷系统正常运转，同时也要保证空调系统工作时发动机的正常运转。空调控制系统主要是通过控制压缩机电磁离合器的结合与分离实现温度控制与系统保护，通过对鼓风机的转速控制调节制冷负荷。

　　电磁离合器安装在压缩机上，其作用是控制发动机与压缩机的动力传递，空调制冷系统工作时，使发动机能驱动压缩机运转；制冷系统停止运行时，切断发动机到压缩机的动力传递。

　　电磁离合器的结构如图 1 - 8 - 47 所示，主要包括压力板、皮带轮和定子线圈等主要部件，压力板与压缩机轴相连，皮带轮通过轴承安装在压缩机的壳体上，皮带轮通过皮带由发动机驱动，定子线圈也安装在压缩机的壳体上。

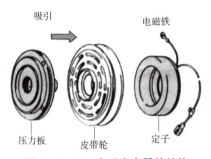

图 1 - 8 - 47　电磁离合器的结构

当接通空调开关使空调制冷系统进入工作状态时，电磁离合器的定子线圈通电，线圈通电后产生磁力，将压力板吸向皮带轮，使两者结合在一起，发动机的动力便通过皮带轮传递到压力板，带动压缩机运转，如图1-8-48所示。

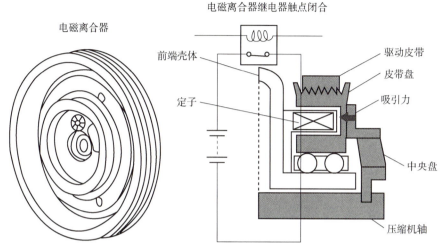

图1-8-48　电磁离合器的结合状态

当空调制冷系统停止工作时，电磁离合器的定子线圈断电，磁力消失，压力板与皮带轮分离，此时皮带轮通过轴承在压缩机的壳体上空转，压缩机停止运转，如图1-8-49所示。

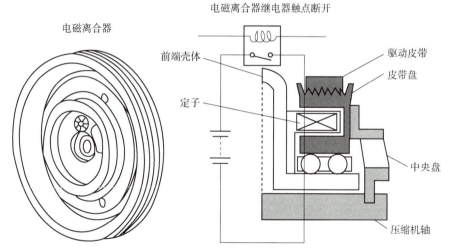

图1-8-49　电磁离合器的分离状态

1）蒸发器温度控制

蒸发器温度控制的目的是防止蒸发器结霜。如果蒸发器的温度低于0℃，凝结在蒸发器表面的水分就会结霜或结冰，严重时将会堵塞蒸发器的空气通路，导致系统制冷效果大大降低。为了避免这种情况的发生，就必须控制蒸发器的温度在0℃以上。控制蒸发器温度的方法通常有两种：一种是用蒸发压力调节器控制蒸发器的压力来控制蒸发器的温度；另一种是利用温度传感器或温度开关控制压缩机的运转来控制蒸发器的温度。

（1）蒸发压力调节器（EPR）。根据制冷剂的特性，只要制冷剂的压力高于某一数值，其温度就不会低于 0 ℃（对于 R134a，此压力大约为 0.18 MPa），因此只要将蒸发器出口的压力控制在一定的数值，就可以防止蒸发器表面结霜或结冰。蒸发压力调节器可以根据制冷负荷的大小调节蒸发器出口处的压力，确保蒸发器出口的压力使制冷剂不低于 0 ℃。

蒸发压力调节器安装在蒸发器出口到压缩机入口的管路中，如图 1 – 8 – 50 所示。它主要由金属波纹管、活塞、弹簧等组成，在管路中形成了一个可调节制冷剂流量的阀门。当制冷负荷减小时，蒸发器出口处制冷剂的压力就会降低，作用在活塞上向左的力 P_e 减小，小于金属波纹管内弹簧向右的力 P_s，使活塞向右移动，阀门开度减小，制冷剂的流量也随之减小，并使蒸发器出口处的压力升高。反之，在制冷负荷增大时，活塞可向左移动，阀门开度增大，增加制冷剂的流量，适应制冷负荷增大的需要。

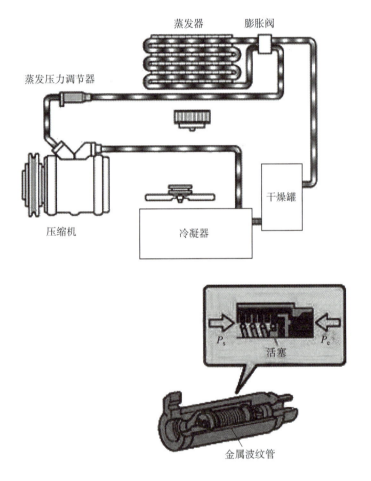

图 1 – 8 – 50　蒸发压力调节器

（2）蒸发器温度控制电路。目前蒸发器的温度控制电路有两种形式：一种是用温度开关（恒温器）直接控制压缩机电磁离合器，蒸发器温度开关安装在蒸发器的中央，当蒸发器表面温度低于某一设定值时，温度开关切断压缩机电磁离合器电路，使压缩机停止工作以防止蒸发器结冰，如图 1 – 8 – 51 所示。

图 1 - 8 - 51　蒸发器温度开关

另一种是用热敏电阻控制压缩机电磁离合器，将热敏电阻安装在蒸发器的表面，当蒸发器表面的温度低于某一设定值时，热敏电阻的阻值变化，给空调 ECU 低温信号，空调 ECU 控制继电器切断压缩机电磁离合器电路，使压缩机停转，控制蒸发器温度不低于 0 ℃。控制电路如图 1 - 8 - 52 所示。

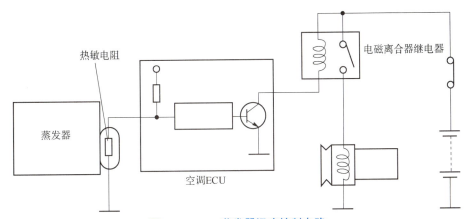

图 1 - 8 - 52　蒸发器温度控制电路

2）冷凝器风扇控制

现在有很多车辆的冷却系统采用电风扇冷却，同时空调制冷系统的冷凝器也采用同一风扇进行冷却。当冷却液温度较低时，风扇不工作；冷却液温度升高到某一规定值时，风扇以低速运转；如果温度进一步升高到另一个设定值，风扇则以高速运转。当空调制冷系统开始工作时，不管冷却液温度高低，风扇都运转。如果制冷系统压力高过一定值时，风扇则以高速运转。

风扇转速的控制有两种：一种是用一个电风扇串联电阻的方式调节风扇的转速；另一种是利用两个电风扇以串联或并联的方式调节风扇的转速。

图 1 - 8 - 53 所示是一冷凝器风扇和散热器风扇控制电路，用压力开关、冷却液温度开关和三个继电器控制冷凝器风扇和散热器风扇的转速。此电路可以实现风扇不转、低速运转、高速运转三级控制。3 号继电器只在空调制冷系统工作时起作用，使冷凝器风扇以低速或高速运转。2 号继电器为双触点继电器，用来控制冷凝器风扇的转速。1 号继电器用于控制散热器风扇。压力开关在空调制冷系统压力高时断开，压力低时接通。冷却液温度开关在冷却液温度低时接通，高时断开。

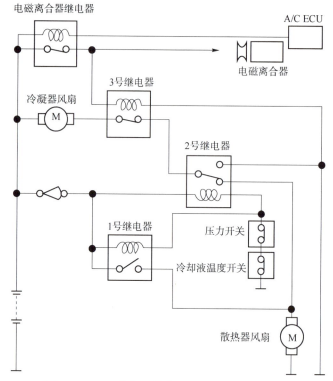

图 1 - 8 - 53　冷凝器风扇和散热器风扇控制电路

不开空调时，3 号继电器不工作，冷凝器风扇也不工作。如果冷却液温度过高，冷却液温度开关断开，1 号继电器线圈断电，触点闭合，散热器风扇运转，加强散热。

打开空调，3 号继电器线圈通电，触点闭合。如果冷却液温度较低、空调系统内压力也较低，2 号继电器线圈也通电，则其下触点闭合，形成冷凝器风扇和散热器风扇的串联电路，两个风扇都以低速运转。如果冷却液温度升高或制冷系统内压力增大，则压力开关或冷却液温度开关切断 2 号和 1 号继电器线圈电路，使 2 号继电器上的触点闭合，1 号继电器的触点接通，将冷凝器风扇和散热器风扇连接成并联电路，两个风扇都以高速运转。

　　3）制冷循环压力控制

　　（1）压力控制的功能。空调制冷循环系统中如果出现压力异常，则会造成系统部件的损坏。如果系统压力过低，则说明制冷剂量过小，这种情况将造成润滑油不能随制冷剂一起循环，使压缩机缺油而损坏。如果由于制冷剂量大或冷凝器冷却不良造成系统压力过高，则有可能造成系统部件损坏。因此，在空调制冷系统工作时，必须对系统压力进行监测，防止出现上述两种情况。常采用的方法是在系统的高压管路中安装压力开关（图 1 - 8 - 54），压力开关有低压开关和高压开关之分，低压开关安装在制冷循环系统中的高压管路中，用于监测制冷循环系统中高压管路压力是否过低，如果压力低于规定值，低压开关将切断压缩机的电路使压缩机停止工作。高压开关也安装在高压管路中，监测高压管路中压力是否过高，如果压力过高，则有两种处理方法：一种是加强对冷凝器的冷却强度，使压力降低；另一种是切断电磁离合器的电路，使压缩机停止运转。通常加强冷却强度控制的压力要低于切断离合器控制电路的压力。

目前空调系统中的压力开关通常都是将低压开关和高压开关制成一体，称为组合压力开关或多功能压力开关。多数组合压力开关可实现低压切断离合器控制电路、高压接通冷凝器风扇高速挡或切断离合器控制电路的三重功能，还有部分压力开关将上述三种功能集于一身，形成三功能压力开关。通常低压切断离合器电路的压力约为 0.2 MPa，高压接通冷凝器风扇高速挡的压力约为 1.6 MPa，高压切断电磁离合器的压力约为 3.2 MPa。

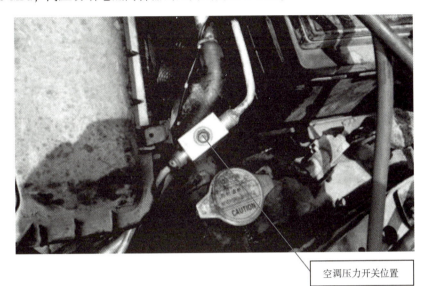

空调压力开关位置

图 1 – 8 – 54　空调压力开关位置

（2）压力开关控制基本电路。压力开关控制的基本电路如图 1 – 8 – 55 所示。压力开关一般的安装位置是储液干燥罐或高压管路。图示的开关均为常闭开关，也有部分压力开关的高压开关为常开开关，具体是何种形式要视车型而定。

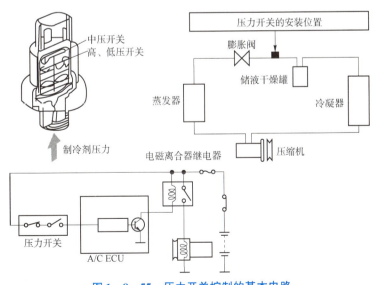

图 1 – 8 – 55　压力开关控制的基本电路

4）发动机的怠速提升控制

在车流量较大的道路上行驶，汽车发动机经常处于怠速运转状态，发动机的输出功率低，如果此时开启空调的制冷系统，则可能会造成发动机的过热或停机。为防止这种情况的发生，人们在空调的控制系统中采用了怠速提升装置，如图1-8-56所示。

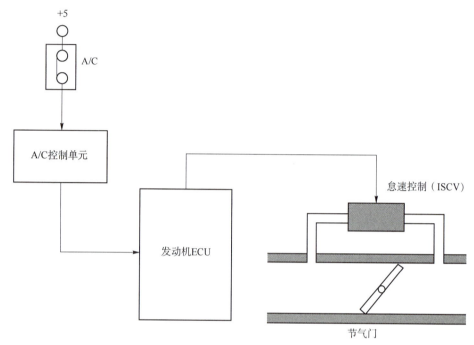

图1-8-56　怠速提升装置

当接通空调制冷开关（A/C）后，发动机的控制单元（ECU）便可接收到空调开启的信号，控制单元便控制怠速控制阀将怠速旁通气道的通路增大，使进气量增加，提高怠速。如果是节气门直动式怠速控制机构，控制单元便控制电动机将节气门开大，提高怠速。

10. 某车型空调系统的维护实践项目

1）空调系统的维护

空调系统的维护应注意下列事项。

（1）处理制冷剂时应注意的安全问题（图1-8-57）。

①不要在密闭的空间或靠近明火处处理制冷剂。

②必须戴防护眼镜。

③避免液体的制冷剂进入眼睛或溅到皮肤上。

④不要将制冷剂的罐底对着人，有些制冷剂罐底有紧急放气装置。

⑤不要将制冷剂罐直接放在温度高于40 ℃的热水中。

⑥如果液体制冷剂进入眼睛或碰到皮肤，不要揉，要立即用大量的冷水冲洗，并且立即到医院找医生进行专业处理，不要试图自己进行处理。

（2）在更换零件或管路时要注意的问题（图1-8-57）。

①用制冷剂回收装置回收制冷剂以便再次使用。

②在未连接的管路或零件的阀门上要插上塞子，以免潮气、灰尘进入系统。

③对于新的冷凝器、储液干燥罐等零件，不要拔了塞子放置。

④在拔出新压缩机塞子之前要从排放阀放出氮气，否则在拔塞子时，压缩机油将随氮气一起喷出。

⑤不要用火焰加热进行弯管和管路拉伸。

图 1 - 8 - 57   处理制冷剂和更换零件时应注意的问题

（3）在拧紧连接零件时应注意的问题（图 1 - 8 - 58）。

①滴几滴压缩机油到"O"形密封圈上可使紧固容易和防止漏气。

②使用两个开口扳手紧固螺母，防止管路扭曲。

③按规定的力矩拧紧螺母或螺栓。

（4）处理装有制冷剂的容器时应注意的问题（图 1 - 8 - 58）。

①不要加热制冷剂容器。

②容器要保持在40℃以下。

③当用温水加热制冷剂容器时，不允许将容器顶部的阀门浸入水中，防止水渗入制冷管路。

④空的一次性制冷剂容器禁止再次使用。

（5）在空调制冷系统开启补充制冷剂时应注意的问题。

①如果制冷剂不足，则有可能导致压缩机润滑不足，造成压缩机损坏。应注意避免这种情况发生。

②如果在空调系统运转时开启高压阀，则将引起制冷剂倒流入制冷剂容器，使制冷剂容器破裂，因此只允许开启低压阀。

③如果将制冷剂容器倒置，则制冷剂将以液态进入空调管路，造成压缩机液击，损坏压缩机，所以制冷剂必须以气态充入。

④制冷剂不要充入过量，否则将造成制冷不良、发动机经济性变差、发动机过热等故障。

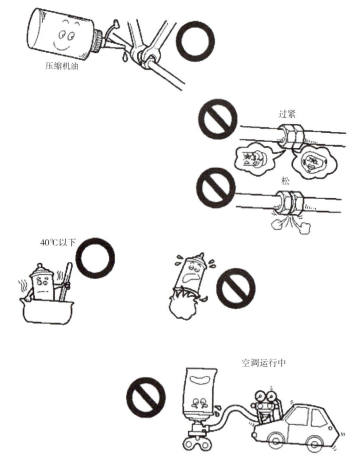

图1-8-58　在拧紧连接零件和处理装有制冷剂的容器时应注意的问题

2）空调系统的检查

（1）直观检查（图1-8-59）。

①检查空调出风口的出风量，如果出风量不足，则检查进风滤清器，如有杂物，则清除之。

②听压缩机附近是否有非正常的响声，如果有，则检查压缩机的安装情况。

③检查冷凝器散热器片上是否有脏物覆盖，如果有，则将脏物清除。

④检查制冷循环系统的各连接处是否有油渍，如果有油渍，则说明该处有泄漏，应紧固该连接处或更换该处的零件。

⑤将鼓风机分别开至低、中、高挡，听鼓风机处是否有杂音，检查鼓风机是否运转正常。如果有杂音或运转不正常，则更换鼓风机（鼓风机进入异物或安装有问题也会引起杂音或运转不正常，所以在更换之前要仔细检查）。

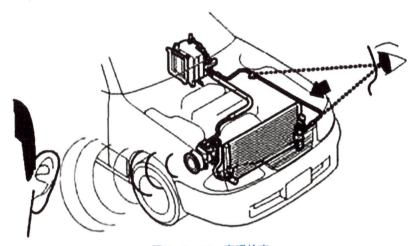

图 1 - 8 - 59　直观检查

（2）检查制冷剂的数量。检查制冷剂的数量有两种方法：一种是通过系统中安装的视液镜检查；另一种是通过检测系统压力检查。

①通过视液镜检查制冷剂的数量。

检查条件（图 1 - 8 - 60）：

- 发动机转速为 1 500 r/min。
- 鼓风机速度控制开关处于"高"位。
- 空调开关"开"。
- 温度选择器为"最凉"。
- 完全打开所有车门。

检查制冷剂的数量（图 1 - 8 - 61）：

- 几乎没有气泡，这说明制冷剂量正常。
- 有连续的气泡，这说明制冷剂量不足。
- 看不到气泡，这说明制冷剂罐是空的或制冷剂过量。

②通过检测系统的压力检查制冷剂的数量。

连接歧管压力表：

- 将歧管压力表的高低压开关全部关闭（图 1 - 8 - 62）。

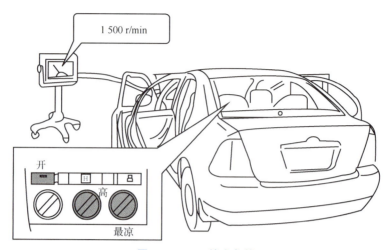

图 1 – 8 – 60　检查条件

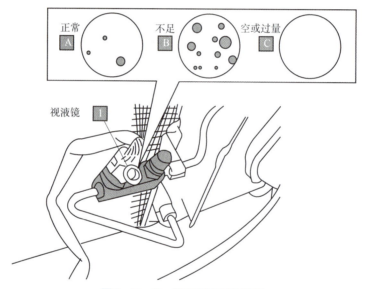

图 1 – 8 – 61　检查制冷剂的数量

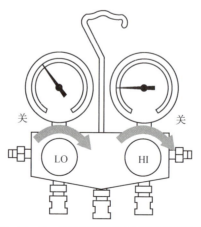

图 1 – 8 – 62　关闭歧管压力表的高低压开关

● 把加注软管的一端和歧管压力表相连，另一端和车辆侧的维修阀门相连（图 1 - 8 - 63 所示）。切记：

蓝色软管 → 低压侧
红色软管 → 高压侧

注意：

连接时，用手而不要用任何工具紧固加注软管。

如果加注软管的连接密封件损坏，则更换。

由于低压侧和高压侧的连接尺寸不同，所以连接软管时不要装反。

软管和车侧的维修阀门连接时，把快速接头接到维修阀门上并滑动，直到听到"卡嗒"声。

和多功能表连接时，不要弄弯管道。

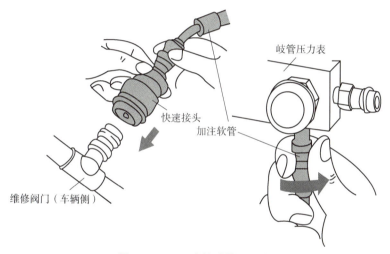

图 1 - 8 - 63　连接歧管压力表

检查制冷系统的压力：

起动发动机，在空调运行时检查歧管压力表所显示的压力，规定压力范围如图 1 - 8 - 64 所示。

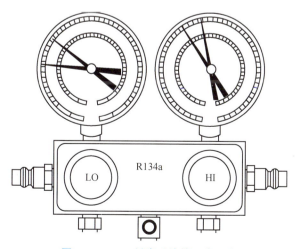

图 1 - 8 - 64　制冷系统的正常压力

低压侧：0.15～0.25 MPa（1.5～2.5 kgf/cm²）

高压侧：1.37～1.57 MPa（14～16 kgf/cm²）

提示：

多功能表所示压力随外部空气温度的变化而有轻微的变化。

（3）检查制冷剂的泄漏。如图 1-8-65 所示，用检漏计检测主要可能的泄漏部位。

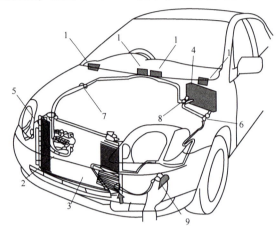

图 1-8-65　主要可能泄漏的部位

1—出风口；2—压缩机；3—冷凝器；4—蒸发器；5—储液干燥罐；

6—软管；7—接头；8—EPR 阀；9—检漏计

（4）检查空调的制冷功能。空调制冷功能的检查因车型不同，检查的方法也有所差异。下面以丰田车为例介绍检查的方法（不同车型的检查方法，可参照该种车型的修理手册）。

①将车放在荫凉处。

②预热发动机到正常温度，将车门全开，气流选择为面部出风，进风选择为内循环，鼓风机速度选择最大，温度选择最冷，在发动机转速为 1 500 r/min 的情况下开启 A/C 开关，5～6 min 后测试进风口的湿度、温度及出风口的温度（图 1-8-66）。

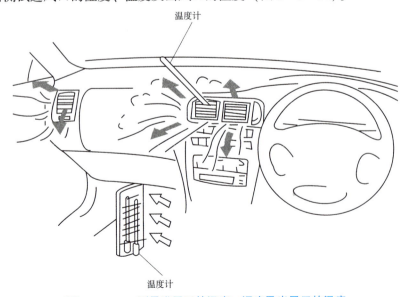

温度计

温度计

图 1-8-66　测量进风口的温度、湿度及出风口的温度

③用进风口处的干湿球温度按图 1 - 8 - 67（上）中的图表查出相对湿度，再算出进风口和出风口的温度差，检查是否在图 1 - 8 - 67（下）中的可接受范围内，如果在其范围内，则说明制冷性能良好。

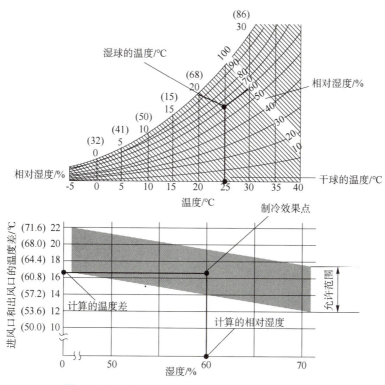

图 1 - 8 - 67　用干湿球温度查湿度和判断空调性能

3）制冷剂的加注

制冷剂的加注工作分为两种：一种是制冷系统内部制冷剂不足，要进行补充；另一种是制冷系统中无制冷剂，要重新加注。如果制冷剂不足，则需检查系统是否有泄漏的地方，在确认系统无泄漏后，可进行补充。如果空调系统更换了零件或因其他原因制冷剂全部漏光，则需重新加注，重新加注制冷剂时应先对系统进行抽真空作业，以抽去制冷循环系统的水分，防止因水结冰而堵塞制冷系统的管路。下面介绍重新加注制冷剂的步骤。

（1）按前述安装歧管压力表，将绿色的软管的一端接压力表的中部，另一端接真空泵，如图 1 - 8 - 68 所示。

（2）打开歧管压力表高压侧和低压侧两侧的阀门，开启真空泵抽空，抽空至歧管压力表低压侧显示为 750 mmHg①或更高，保持 750 mmHg 或更高的显示压力抽空 10 min，如图 1 - 8 - 69 所示。

（3）关闭歧管压力表高压侧和低压侧两侧的阀门，关停真空泵（图 1 - 8 - 70）。

注意：如果关停真空泵时两侧的阀门（高压侧和低压侧）都开着，则空气会进入空调系统。

（4）检查系统密封性。真空泵停止后，高压侧和低压侧两侧的阀门关闭 5 min，歧管压力表的范围应保持不变（图 1 - 8 - 71）。

---

① 1 mmHg ≈ 133 Pa。

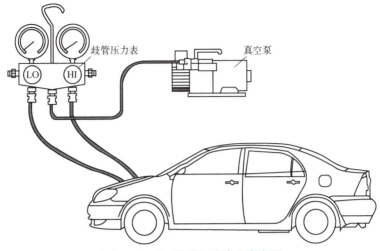

图 1 – 8 – 68　连接压力表和真空泵

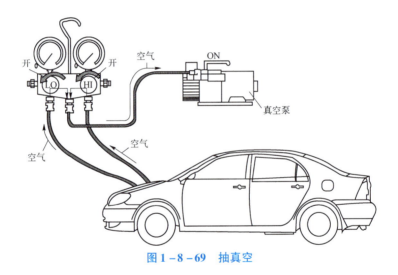

图 1 – 8 – 69　抽真空

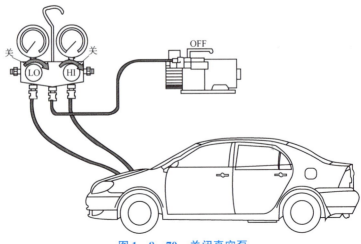

图 1 – 8 – 70　关闭真空泵

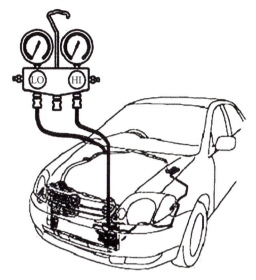

图 1 – 8 – 71　检查系统密封性

提示：如果显示压力增加，则有空气进入空调系统，应检查"O"形密封圈和空调系统的连接状况。

注意：如果抽空不足，空调管道内的水分会冻结，这将阻碍制冷剂的流动并导致空调系统内表面生锈。

（5）安装制冷剂罐。

①连接阀门和制冷剂罐（图 1 – 8 – 72），检查制冷剂罐连接部件的盘根，逆时针转动手柄升起针阀，逆时针转动阀盘升起阀盘。

注意：要在针阀升起前安装加注罐，否则针阀会插进制冷剂罐，从而导致制冷剂泄漏。

把阀门旋进制冷剂罐直到和盘根紧密接触，然后紧固阀盘以卡住阀门。

不要顺时针转动手柄，否则阀针将插进制冷剂罐，从而导致制冷剂泄漏。

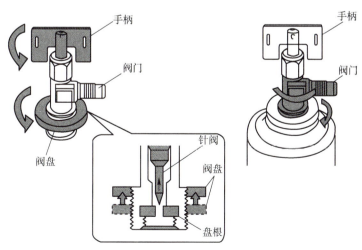

图 1 – 8 – 72　连接阀门和制冷剂罐

②把制冷剂罐安装到歧管压力表上（图 1 – 8 – 73），完全关闭歧管压力表计低压侧和

高压侧的阀门，对应图 1－8－73 步骤（1）；把制冷剂罐安装到歧管压力表中间的绿色加注软管，对应图 1－8－73 步骤（2）；顺时针转动手柄直到针阀在制冷剂罐上钻个孔，对应图 1－8－73 步骤（3）；逆时针转动手柄退出针阀，对应图 1－8－73 步骤（4）；按下歧管压力表的空气驱除阀，放出空气，直到制冷剂从阀门释出，对应图 1－8－73 步骤（5）。

注意：如果用手按下空气驱除阀，释放出的空调气体就会冲到手上等处，从而产生冻伤，因此要用螺丝刀等按住阀门。

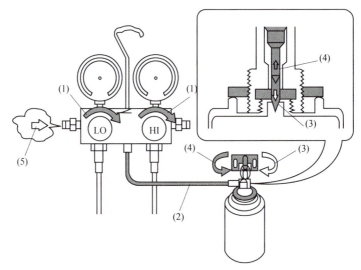

图 1－8－73　把制冷剂罐安装到歧管压力表上

（6）从高压侧加注制冷剂（图 1－8－74）。发动机不工作时，打开高压侧阀门加入制冷剂，直到低压表到大约 0.98 MPa（1 kg/cm^2）。加注后，关闭阀门。

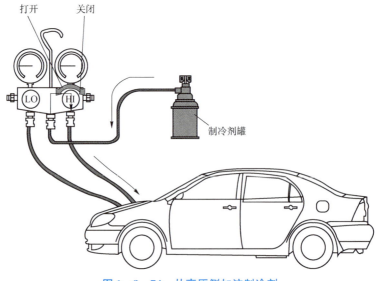

图 1－8－74　从高压侧加注制冷剂

注意：一定不要让压缩机工作，因为空调压缩机运行时，不从低压侧加注将导致空调压缩机缺油拉伤；也不要打开低压侧阀门，制冷剂在空调压缩机内通常为气体状态，如果从高压侧加注而低压侧阀门开着，液态制冷剂会进入低压侧，此时若空调压缩机开始工作，就会出现液击而损坏。

（7）检查漏气（图1-8-75），用电子检漏计按图示的部位检测系统漏气的情况。

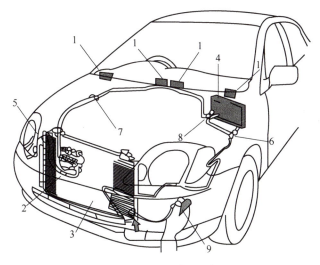

图1-8-75　检查漏气

1—出风口；2—压缩机；3—冷凝器；4—蒸发器；5—储液干燥罐；6—软管；7—接头；8—EPR阀；9—检漏计

（8）从低压侧加注制冷剂，关闭高压侧阀门后，起动发动机并运行空调（图1-8-76），打开歧管压力表，加入规定量的制冷剂（图1-8-77）。

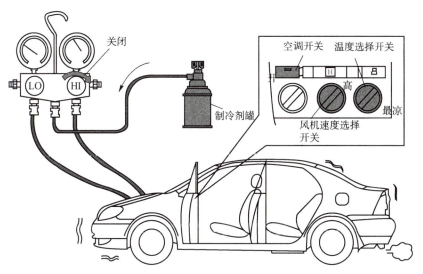

图1-8-76　关闭高压侧阀门并起动发动机

加注条件：

发动机转速为1 500 r/min。

鼓风机速度控制开关处于"高"位。

A/C 开关"开"。

温度选择开关为"最凉"。

完全打开所有车门。

提示：加注量随车型不同而不同，应参照相关的说明书。

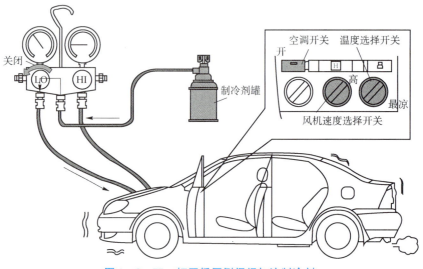

图1-8-77　打开低压侧阀门加注制冷剂

注意：低压侧加注制冷剂时，制冷剂罐倒置将使空气以液态进入压缩机，压缩液体将损坏压缩机（图1-8-78）。

不要加注过量，否则将导致制冷不足。

更换制冷剂罐时，关闭高、低压两侧的阀门。

更换后，打开空气驱除阀从中部的软管（绿色）和歧管压力表中放出空气。

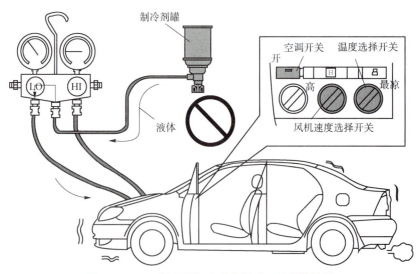

图1-8-78　低压侧加注制冷剂时不要将罐倒置

发动机工作时不要打开高压侧的阀门，否则会导致高压气回流至制冷剂罐，造成破裂（图1-8-79）。

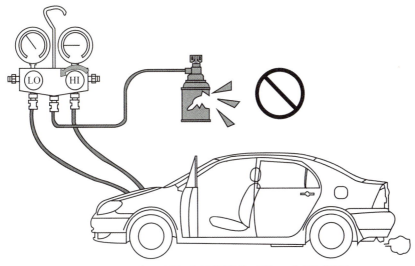

图1-8-79　低压侧加注制冷剂时不要打开高压侧阀门

　　根据歧管压力表的压力显示检查制冷剂的加注量：在制冷剂加注量达到规定量时，歧管压力表的压力也应达到规定值，其规定的压力为（图1-8-80）：

低压侧，0.15~0.25 MPa（1.5~2.5 kgf/cm²）；

高压侧，1.37~1.57 MPa（14~16 kgf/cm²）。

提示：歧管压力表所示压力随外部空气温度的变化而有轻微的变化。

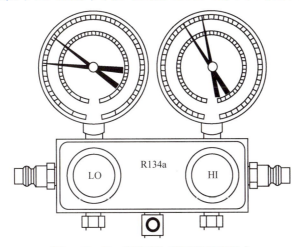

图1-8-80　制冷剂加满时的规定压力

　　制冷剂加注量符合要求后，关闭低压侧阀门并关闭发动机（图1-8-81）。

　　把加注软管从车辆侧维修阀门和制冷剂罐阀门上拆掉（图1-8-82）。

提示：歧管压力表所示压力随外部空气温度的变化而有轻微的变化。

外部温度高时，加注制冷剂困难，可用空气或冷水降低冷凝器的温度［图1-8-83（a）］。

外部温度低时，可用温水（40℃以下）加热制冷剂罐，这样可使加注比较容易［图1-8-83（b）］。

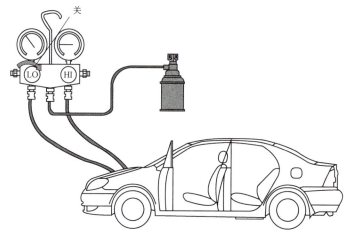

图 1 - 8 - 81   关闭低压侧阀门并关闭发动机

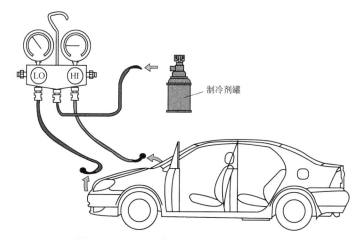

图 1 - 8 - 82   拆卸歧管压力表和制冷剂罐

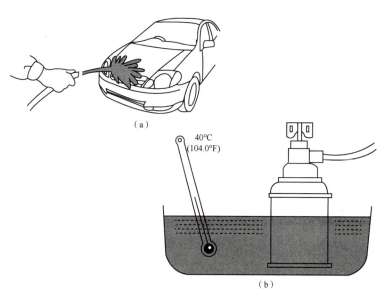

图 1 - 8 - 83   用冷水冷却冷凝器或用温水加热制冷剂罐

　　最后检查制冷剂的加注量是否合适，空调系统运转是否正常：通过观察孔检查加注量；检查漏气；检查空调制冷状况（图1－8－84）。

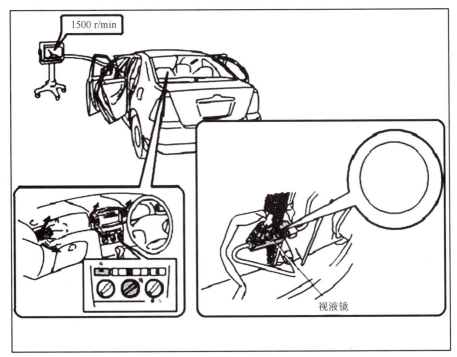

1500 r/min

视液镜

图1－8－84　检查制冷剂量和空调系统是否正常

项目二

汽车电子控制系统及维护

 学习目标

（1）了解传感器系统的类型和结构；

（2）掌握发动机电控系统电路和典型故障排除。

汽车电子控制系统普遍遵循感知→控制→执行的工作流程。传感器作为感知单元获取系统的工作状态，控制单元处理传感器信号并计算输出控制指令，最终由执行单元完成相应动作。

以电动助力转向系统（EPS）为例，车辆运行过程中，方向盘扭矩转角传感器监测方向盘转角及扭矩信息，轮速传感器监测车轮转速，控制器（ECU）通过 CAN（控制器域网）总线实时获取传感器信号，并根据特定逻辑实时处理信号，计算得到一个理想的助力力矩，最后通过 MOSFET（金属－氧化层半导体场效晶体管）控制电动机，实现助力效果。

汽车动力、底盘、车身、电气四大系统中，绝大部分的电子控制具备类似的工作原理，从感知、控制到执行环节，半导体器件无处不在，包括感知系统的传感器，控制环节的微控制器（MCU）、通信芯片（CAN/LIN 等）、模数转换器（A/D），执行环节的功率器件（MOSFET、IGBT、DCDC）等。

电子控制系统由传感器、执行器和发动机控制单元 ECU（微型计算机）三部分组成。以帕萨特 B5 发动机电子控制系统为例，如图 2－1－1 所示。

🎛 2.1　传感器系统

汽车传感器可分为车辆感知和环境感知两大类。动力、底盘、车身及电子电气系统中的传感器属于车辆感知范畴，ADAS 高级驾驶辅助系统以及无人驾驶系统中引入的车载摄像头、毫米波雷达、激光雷达等属于环境感知范畴。

1. 氧传感器

氧传感器安装在三元催化器之前的排气管上（图 2－1－2），用来检测排气中的氧气浓度，以此间接推算混合气的空燃比。有的车型在三元催化器前、后各安装一只氧传感器（图 2－1－3），后面的是副氧传感器，用于检测三元催化器的净化效率。

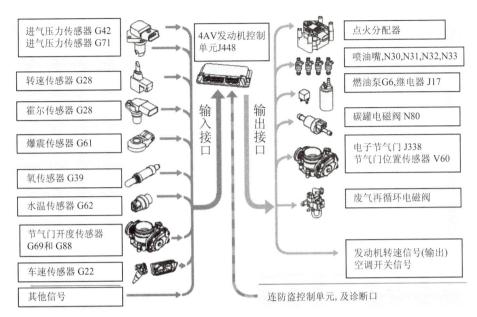

图 2－1－1 帕萨特 B5 发动机电子控制系统

(a)   (b)

图 2－1－2 氧传感器在排气管上的安装位置

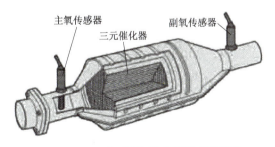

图 2－1－3 主、副氧传感器的安装位置

1）氧传感器的类型

按材料分为二氧化锆（ZrO_2）氧传感器和二氧化钛（TiO_2）氧传感器。二氧化锆氧传感器一般在 350～400 ℃ 才能正常工作，因此有加热型和非加热型二氧化锆氧传感器。

按安装位置分为主氧传感器和副氧传感器（图2－1－3）。

按检测精度分为窄域氧传感器和宽域氧传感器。宽域氧传感器可以检测稀薄混合气状态下的燃烧情况。

2）氧传感器的应用及结构原理

（1）氧传感器的应用。用氧传感器进行空燃比闭环控制，在理论空燃比约为14.7时，氧气和汽油完全燃烧，同时，三元催化器的净化率最高。

（2）二氧化锆氧传感器的结构原理。如图2－1－4（a）所示，非加热型氧传感器的二氧化锆管的内、外表面有一层铂电极，锆管的内表面通大气，并用导线引出。锆管的外表面搭铁，并通排气管的废气。多孔氧化锆陶瓷体允许氧渗入其固体电解质内，当温度高达350℃时，氧气发生电离，如果陶瓷体内侧大气中含氧量与陶瓷体外侧的含氧量不同，即存在浓度差，则在固体电解质内的氧离子从大气侧向排气侧扩散，氧化锆内、外两侧极间就产生一个电压，氧化锆内形成微电池，如图2－1－4（b）所示。当混合气稀时，有部分氧没有燃烧，排气中氧的含量高，锆管内、外表面氧离子浓度差小，输出的电位差较低，约0.1 V。反之，当混合气较浓时，燃烧后的废气中氧离子少，锆管内、外表面氧离子浓度差大，输出的电位差较高，约为0.9 V，电路如图2－1－5（a）所示。当混合气接近理想空燃比14.7时，氧离子浓度差急剧变化，输出的电位差从0.9 V急剧变化至0.1 V，如图2－1－5（b）所示，因此，氧传感器起到一个调整混合气浓、稀开关的作用，实物如图2－1－4（c）和（d）所示。

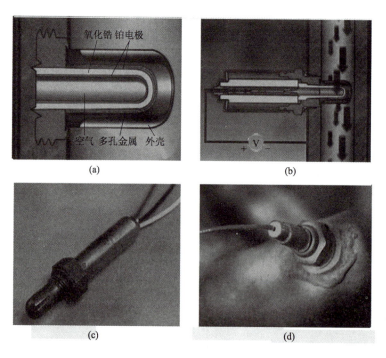

图2－1－4　二氧化锆氧传感器的结构原理

（a）结构；（b）工作原理；（c）三线氧传感器；（d）单线氧传感器

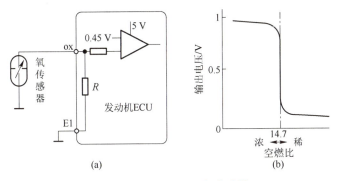

图 2 - 1 - 5 　非加热型氧传感器

（a）电路；（b）信号

　　加热型氧传感器（图 2 - 1 - 6）可以安装在离发动机较远的排气管上。当发动机负荷小、排气温度低时，加热器通电，保证氧传感器正常的工作温度（300 ℃ 以上，该温度条件下电阻小、信号强）。

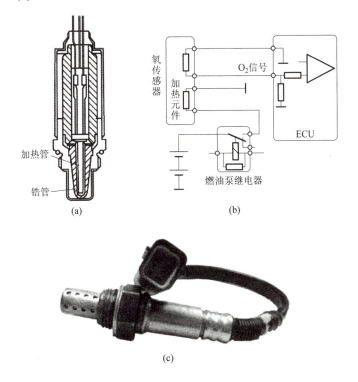

图 2 - 1 - 6 　加热型氧传感器

（a）结构；（b）电路；（c）实物

　　为了防止铂膜被废气腐蚀，在铂膜外覆盖一层多孔陶瓷层，外面加一个开有槽或孔的金属护套。氧传感器的接线端有一个金属护套，其上开有一个小孔，使二氧化锆传感器内侧通大气，如图 2 - 1 - 7（a）所示。加热型氧传感器的插头如图 2 - 1 - 7（b）所示。

　　（3）二氧化钛氧传感器的结构原理。二氧化钛氧传感器采用"N"型半导体元件制成，其结构原理如图 2 - 1 - 8 所示，主要包括二氧化钛厚膜元件、保护套管、连接线等。

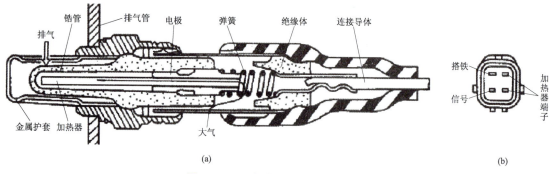

图 2 - 1 - 7　加热型氧传感器的结构

（a）结构；（b）插头

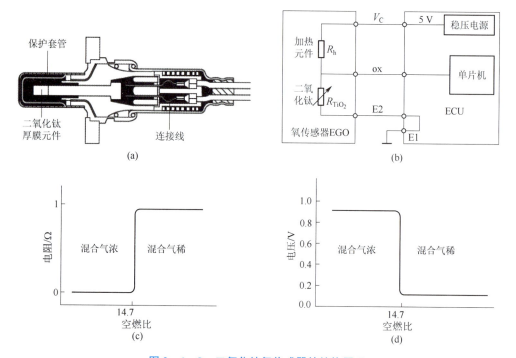

图 2 - 1 - 8　二氧化钛氧传感器的结构原理

（a）二氧化钛氧传感器的结构；（b）二氧化钛氧传感器的电路；
（c）混合气浓度与氧传感器电阻的关系；（d）混合气浓度与氧传感器电压的关系

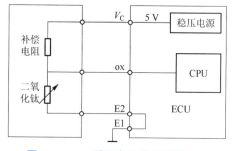

图 2 - 1 - 9　稀混合比传感器的线路

（4）稀混合比传感器（Lean Air Fuel Sensor）的结构原理。二氧化锆及二氧化钛氧传感器的工作范围都是在过量空气系数 λ =1 附近（空燃比为 14.7:1），一旦超出此范围，测量误差极大。而缸内直喷发动机能在空燃比达 20:1 以上的超稀薄混合气情况下燃烧。此时上述氧传感器便无法胜任了。

图 2 - 1 - 9 所示是稀混合比传感器的线路，是在二氧化锆氧传感器的基础上扩充功能形成的。

氧离子在二氧化锆组件内移动时，会产生电动势。反之，若将电压施加于二氧化锆组件上，即会造成氧离子移动。利用这一原理，计算机可将氧离子控制在希望的数值。

如图 2-1-10 所示，传感器的感应组件分为两部分，即与排气管废气接触的第一感知器和与大气接触的第二感知器。其电路如图 2-1-11 所示，第一感知器不是比较废气与大气之间的含氧量，而是比较废气与扩散管之间的含氧量，结构与二氧化锆氧传感器一样，它会将电压信号传送给计算机。而扩散管内氧离子含量，是 ECU 通过控制二氧化锆组件上的电压、改变氧离子移动控制的，即 ECU 只要改变电压的大小，即可改变含氧量。目的就是要让第一感知器持续维持 0.45 V 的电压，也就是说，让第一感知器一直在 $\lambda = 1$（空燃比为 14.7:1）附近变化。

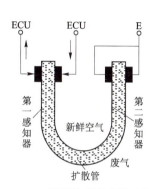

图 2-1-10　稀混合比传感器结构示意

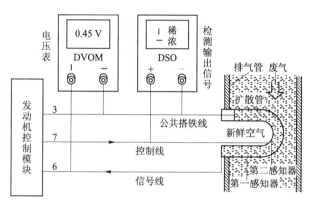

图 2-1-11　稀混合比传感器的电路

3）氧传感器的电路连接和电路检测

（1）氧传感器的电路连接。

①四线氧传感器。四线氧传感器典型线路如图 2-1-12（a）所示，4 条线分别是氧传感器产生信号的两条线、加热器的两条线。有的车型氧传感器产生信号接地线和加热器电源线不经过发动机 ECU（ECM、PCM），如图 2-1-12（b）所示。

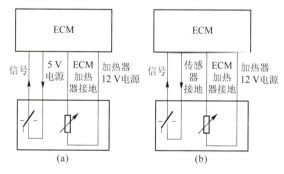

图 2-1-12　四线氧传感器典型线路

（a）二氧化钛氧传感器；（b）二氧化锆氧传感器

②三线氧传感器。三线氧传感器取消了接地线，利用氧传感器外壳搭铁。

③两线氧传感器。非加热型氧传感器，只有产生信号的两条线。加热型二氧化锆氧传感器取消了接地线。

④单线氧传感器。非加热型氧传感器只有信号线，取消了接地线。

（2）氧传感器的电路检测。以丰田锐志 5GR - FE 发动机氧传感器为例。丰田锐志 5GR - FE发动机氧传感器有主、副两个二氧化锆氧传感器，电路如图 2 - 1 - 13 所示。

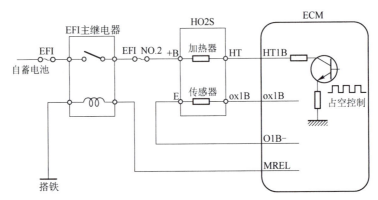

图 2 - 1 - 13　锐志氧传感器电路

①氧传感器电阻检测。分别断开前、后氧传感器（HO2S）的连接器 I47 和 I27（图 2 - 1 - 14），测量各端子间的电阻。20 ℃时 1 脚与 2 脚之间的电阻为 11～16 Ω（加热器），1 脚与 4 脚之间的电阻大于 10 kΩ，否则，说明氧传感器有故障。

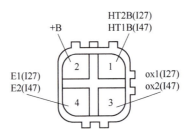

图 2 - 1 - 14　连接器 I47 和 I27

②ECU 控制氧传感器线路检测。如图 2 - 1 - 15 所示，将点火开关置于"ON"挡，分别测量 HT1B（A5 - 2）与 E1（D4 - 7）、HT2B（A5 - 1）与 E1（D4 - 7）之间的电阻，应为 9～14 Ω。否则，说明 ECU 控制氧传感器线路有故障。

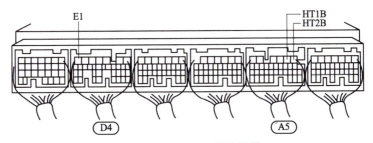

图 2 - 1 - 15　ECU 的连接器

③氧传感器线路检测。分别断开前、后氧传感器（HO2S）的连接器 I47 和 I27，断开 ECU 的连接器 A5。测量 I47 和 I27 与 A5 之间对应端子间的导通性（图 2 - 1 - 16），电阻应该小于 1 Ω。测量 I47、I27、A5 各端子与车身搭铁之间的绝缘性，电阻应该大于 10 kΩ。否

则，说明线束有断路或短路故障。

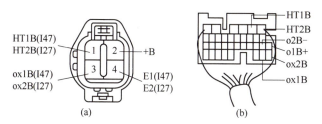

图 2 - 1 - 16　氧传感器与 ECU 连接器端子名称

（a）氧传感器的线束侧连接器；（b）ECU 连接器 A5 各端子的名称

④氧传感器电压检测。将氧传感器连接器导线引出，在发动机运转时，从引出线上测量电压。丰田车型也可以从故障诊断座的 ox1 和 ox2 孔测量氧传感器的输出电压。氧传感器的电压与故障部位对照见表 2 - 1 - 1。

表 2 - 1 - 1　氧传感器的电压与故障部位对照

序号	前氧传感器的电压	前氧传感器的电压波形	后氧传感器的电压	后氧传感器的电压波形	故障可能部位
1	输出电压在 3.35 ~ 3.0 V 交替变化	⎍ OK	输出电压在 0.55 ~ 0.4 V 交替变化	⎍ OK	正常
2	输出电压几乎无响应	—— NG	输出电压在 0.55 ~ 0.4 V 交替变化	⎍ OK	氧传感器或其电路；氧传感器加热器
3	输出电压在 3.35 ~ 3.0 V 交替变化	⎍ OK	输出电压几乎无响应	—— NG	氧传感器或其电路；氧传感器加热器
4	输出电压几乎无响应	—— NG	输出电压几乎无响应	—— NG	喷油器、燃油压力、排气系统漏气、混合气过浓或过稀

氧传感器电压检测程序如图 2 - 1 - 17 所示。

4）氧传感器故障诊断

（1）利用氧传感器波形诊断故障。

①氧传感器波形与发动机工作状况的关系：氧传感器随时测定发动机排气管中含氧量，以监测发动机燃烧状况。当发动机燃烧不正常时，必然引起氧传感器电压信号的变化，通过观察氧传感器的信号波形，便可以判断发动机某些故障。因此，有人把氧传感器看作发动机控制系统的"看门狗"，因为它可以快速、准确地判断整个空气燃油反馈控制系统的运行性能。

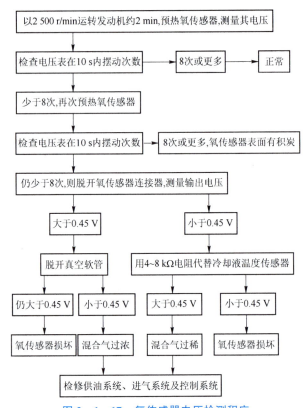

图 2 – 1 – 17　氧传感器电压检测程序

②氧传感器的正常波形。

a. 二氧化锆氧传感器的正常波形。如图 2 – 1 – 18 所示，发动机怠速时，10 s 内有 3 ~ 6 个浓 – 稀振幅，用发光二极管检测，闪亮 3 ~ 6 次。当转速在 2 500 r/min 时，有 10 ~ 40 个浓 – 稀振幅。最高电压要大于 0.85 V，最低电压在 0.075 ~ 0.175 V。从高峰（浓）到低峰（稀）波形应该垂直下降，响应时间少于 100 ms。

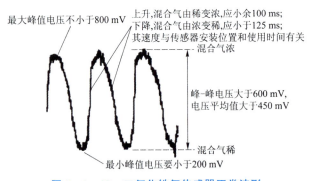

图 2 – 1 – 18　二氧化锆氧传感器正常波形

b. 二氧化钛氧传感器的正常波形。如图 2 – 1 – 19 所示，电压为 0 ~ 5 V，从高峰（稀）到低峰（浓）波形变化陡峭，对称无杂波。怠速时，平均电压为 2.25 V。当转速在 2 500 r/min 时，平均电压为 2.92 V。

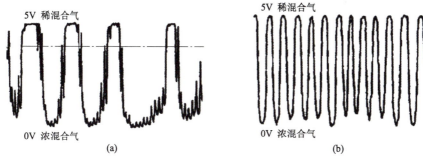

图 2 - 1 - 19　二氧化钛氧传感器正常的波形
（a）怠速；（b）2 500 r/min

加减速时，正常波形如图 2 - 1 - 20 所示。

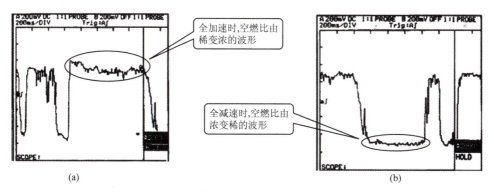

图 2 - 1 - 20　加减速时二氧化钛氧传感器的正常波形
（a）全加速；（b）全减速

③氧传感器的杂波。

a. 杂波的类型，如表 2 - 1 - 2 所示。

表 2 - 1 - 2　二氧化锆氧传感器杂波的类型

类型	增幅杂波	中等杂波	严重杂波
波形			
位置	在 0.3 ~ 0.6 V	在高压段向下的尖峰。幅度不大于 0.2 V	从顶部到底部的尖峰。幅度大于 0.2 V，平均电压为 627 mV
原因	由氧传感器自身的化学特性引起，与发动机故障无关	与发动机的系列、运行方式、氧传感器的类型关系很大。对特定故障诊断可能有用	通常是点火不良或各缸喷油器喷油量不一致引起的

由表可知，严重杂波的振幅大于 0.2 V，在示波器上表现为从氧传感器信号电压波形顶部向下冲过 0.2 V，或达到信号电压波形的底部尖峰。在发动机持续运转期间，它会覆盖氧传感器的整个信号范围。发动机处在 2 500 r/min 稳定运行时，严重杂波能够持续几秒，则意味着发动机有故障。因此，这类杂波必须予以排除。

b. 杂波产生的原因。

ⓐ系统设计，例如不同的进气管通道长度等。

ⓑ各种原因造成的点火不良，如点火系统故障、混合气过稀、混合气过浓、真空泄漏、气缸压缩压力和各缸喷油不一致等。

ⓒ发动机零部件老化。

ⓓ系统的各种机械故障（进气管堵塞、气门卡滞或漏气等）。

④有故障时氧传感器的波形。

a. 氧传感器通气孔堵塞时的波形，如图 2 – 1 – 21 所示。

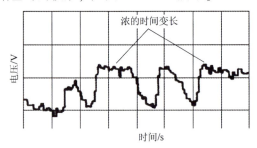

图 2 – 1 – 21　氧传感器通气孔堵塞时的波形

b. 氧传感器质量不合格或老化失效的波形，如图 2 – 1 – 22 所示。

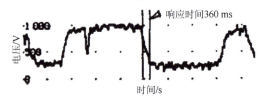

图 2 – 1 – 22　氧传感器不合格或老化失效的波形

c. 混合气过稀时氧传感器的波形，如图 2 – 1 – 23 所示。

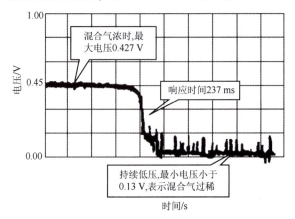

图 2 – 1 – 23　混合气过稀时氧传感器的波形

d. 如图2-1-24所示，当转速在2 500 r/min时，个别气缸的进气歧管泄漏时氧传感器的波形。

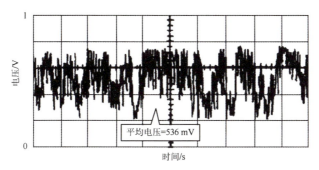

图 2 - 1 - 24　进气歧管泄漏时氧传感器的波形

e. 混合气过浓时氧传感器的波形，如图2-1-25所示。

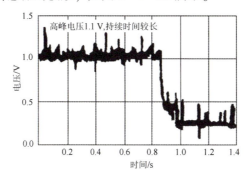

图 2 - 1 - 25　混合气过浓时氧传感器的波形

f. 点火系统有故障时氧传感器的波形，如图2-1-26和图2-1-27所示。

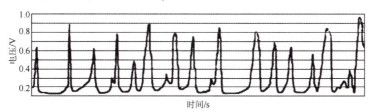

图 2 - 1 - 26　缺火时氧传感器的波形

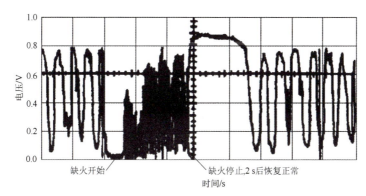

图 2 - 1 - 27　间歇性缺火时氧传感器的波形

g. 喷油系统有故障使混合气过浓时氧传感器的波形，如图 2 – 1 – 28 所示。

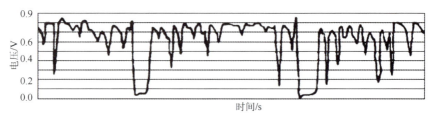

图 2 – 1 – 28　喷油系统有故障使混合气过浓时氧传感器的波形

⑤副氧传感器的波形。主氧传感器信号用作混合控制的反馈信号，副氧传感器信号用来测试三元催化器的净化效率，如图 2 – 1 – 29（a）所示。当三元催化器净化效率降低时，副氧传感器信号的幅度就会增大，如图 2 – 1 – 29（b）所示。

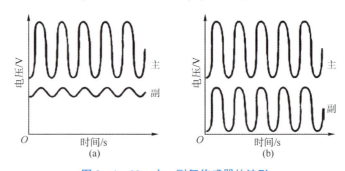

图 2 – 1 – 29　主、副氧传感器的波形
（a）三元催化器正常；（b）三元催化器不正常

（2）利用氧传感器故障码诊断故障。以一汽花冠 1NZ – FE、2NZ – FE 氧传感器为例。

①氧传感器故障码和故障原因。一汽花冠 1NZ – FE、2NZ – FE 氧传感器故障码及故障原因见表 2 – 1 – 3。

表 2 – 1 – 3　一汽花冠 1NZ – FE、2NZ – FE 氧传感器故障码及故障原因

OBD Ⅱ 故障码	MIL 故障码	故障说明	故障原因
P0130	21	氧传感器电路故障（1 列 1 号传感器）	1. 燃油系统有故障； 2. 燃油压力异常； 3. 喷油器有故障； 4. 加热型氧传感器电路断路或短路； 5. 加热型氧传感器有故障
P0136	27	氧传感器电路故障（1 列 2 号传感器）	
P0135	21	氧传感器加热器电路故障（1 列 1 号传感器）	1. 氧传感器加热器电路断路或短路； 2. 氧传感器加热器有故障； 3. 发动机和冷却液温度传感器有故障
P0141	27	氧传感器加热器电路故障（1 列 2 号传感器）	

续表

OBD II 故障码	MIL 故障码	故障说明	故障原因
P0171	25	系统内空燃比过稀	1. 空气进入（软管松动）；
P0172	26	系统内空燃比过浓	2. 燃油管路压力异常； 3. 喷油器堵塞； 4. 氧传感器有故障； 5. 空气流量计有故障； 6. 冷却液温度传感器有故障

②氧传感器的电路。一汽花冠 1NZ – FE、2NZ – FE 氧传感器的电路如图 2 – 1 – 30 所示。在排气管三元催化器前、后各安装一个四线二氧化锆氧传感器。

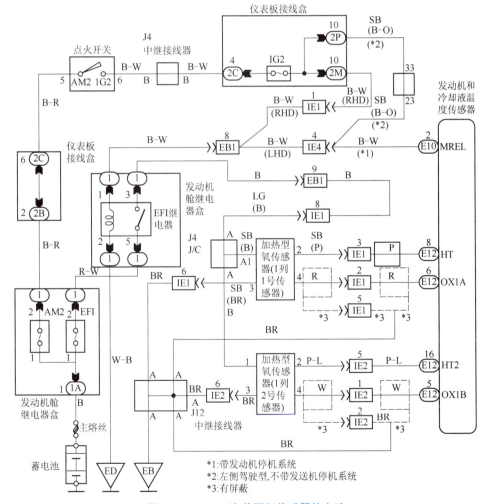

图 2 – 1 – 30　一汽花冠氧传感器的电路

③氧传感器故障码的检修。

a. 故障码 P0130 和 P0136 的检修步骤。

ⓐ读取故障码。若只有故障码 P0130 或 P0136，则进行下一步检查；若故障码 P0130 或 P0136 与其他故障码同时存在，则先进行其他故障码的检查。

ⓑ读取氧传感器的输出电压。发动机转速为 2 500 r/min，预热氧传感器约 90 s，用故障测试仪读取怠速时氧传感器的输出电压，其应在小于 0.4 V 和大于 0.55 V 之间反复交替变化。若正常，则进行第①步检查；若不正常，则进行下一步检查。

ⓒ检查 ECU 与氧传感器间的配线和连接器。断开氧传感器连接器和发动机 ECU 连接器 E12，检测发动机 ECU 连接器 E12 端子 6（OX1A）与氧传感器连接器端子 4（OX1A）间的电阻，其应为 1 Ω 或更小。检测发动机和 ECU 连接器 E12 端子 6 与端子 9 的电阻，其应为 1 MΩ 或更大。若正常，则进行下一步检查；若不正常，则检修或更换配线和连接器。

ⓓ检查是否发生失火现象。若正常，则进行下一步检查；若不正常，则检查火花塞跳火情况和点火系统。

ⓔ检查排放控制系统。若正常，则进行下一步检查；若不正常，则检修排放控制系统。

ⓕ检查燃油压力。若正常，则进行下一步检查；若不正常，则检查燃油系统。

ⓖ检查喷油器。若正常，则进行下一步检查；若不正常，则更换喷油器。

ⓗ检查排气系统是否泄漏。若正常，则更换氧传感器；若不正常，则检修漏气点。

ⓘ清除故障码，给氧传感器加热，读取故障码。若有故障码 P0130、P0136 输出，则进行下一步检查；若没有故障码 P0130、P0136 输出，则检查或更换 ECU。

ⓙ检查车辆燃油是否耗尽。若正常，则系统正常；若不正常，则检查是否是间歇性故障。

b. 故障码 P0135 和 P0141 的检修步骤。

ⓐ检查发动机 ECU。将点火开关转至"ON"位置，检测发动机 ECU 连接器 E12 端子 8（HT）与端子 9（E2）的电压，其应为 9~14 V。若正常，则检查并更换发动机 ECU；若不正常，则进行下一步检查。

ⓑ检查氧传感器。脱开氧传感器连接器，检测氧传感器连接器端子 2（HT）与端子 1（+B）的电阻，20 ℃时其应为 11~16 Ω。若正常，则进行下一步检查；若不正常，则更换氧传感器。

ⓒ检查发动机 ECU 与氧传感器间的配线和连接器。脱开氧传感器连接器，脱开发动机 ECU 连接器 E12。检测氧传感器（1 列 1 号传感器）端子 2 与发动机 ECU 连接器 E12 端子 8 的电阻，其应为 1 Ω 或更小。检测发动机 ECU 连接器 E12 端子 9 与端子 8 的电阻，其应为 1 MΩ 或更大。若正常，则进行下一步检查；若不正常，则修理或更换配线和连接器。

ⓓ检查 ECU 电源电路。若正常，则进行下一步检查；若不正常，则修理或更换 ECU 电源电路。

ⓔ检查配线和连接器。脱开蓄电池负极电缆，脱开氧传感器连接器，检查断路继电器插座连接器端子 3 与氧传感器连接器端子 1 间的电阻，其应为 1 Ω 或更小。若正常，则检查并

更换发动机 ECU；若不正常，则修理或更换配线和连接器。

c. 故障码 P0171 和 P0172 的检修步骤。

ⓐ检查排放控制系统。若正常，则进行下一步检查；若不正常，则修理或更换排放控制系统。

ⓑ检查燃油压力。若正常，则进行下一步检查；若不正常，则修理或更换燃油系统。

ⓒ检查喷油器。若正常，则进行下一步检查；若不正常，则更换喷油器。

ⓓ检查冷却液温度传感器。若正常，则进行下一步检查；若不正常，则更换冷却液温度传感器。

ⓔ检查火花塞跳火情况和点火系统。若正常，则进行下一步检查；若不正常，则修理或更换点火系统。

ⓕ更换一个好的氧传感器，检查故障是否消失。若故障消失，则更换氧传感器；若故障不消失，则检查并更换 ECU。

2. 温度传感器

1）进气温度传感器

进气温度传感器用来检测发动机吸入空气的温度。由于吸入空气温度的变化会引起空气密度变化，因此要用空气温度修正进气量和喷油量。进气温度传感器安装位置有进气软管上、进气管动力腔上、空气滤清器内、空气流量计内、进气压力传感器内等，如图 2 - 1 - 31 所示。

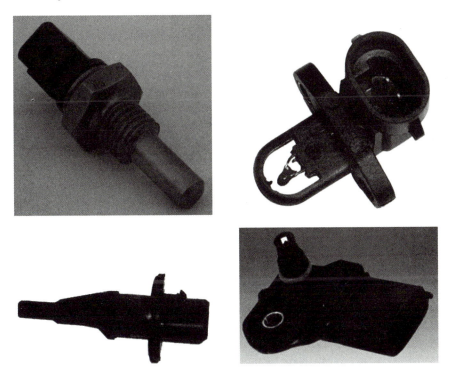

图 2 - 1 - 31　进气温度传感器

进气温度传感器采用的是负温度系数的热敏电阻，ECU 将 5 V 的标准电压通过补偿电阻 R 加在进气温度传感器上。当进气温度变化时，进气温度传感器与 R 之间的电压也相应变化，并将信号进行 A/D（模/数）转换，送给 CPU 处理。当进气温度低（低于40℃）、进气空气密度大时，其阻值增大，ECU 检测到的信号电压高，ECU 据此相应增加喷油量。反之，当进气温度高（高于40℃）、进气空气密度小时，ECU 检测到的信号电压低，ECU 控制喷油量相应减少。

检修时，测量传感器 THA 和 E2 之间的电阻（表2-1-4）和电压。

表2-1-4　不同温度时传感器 THA 和 E2 之间的电阻

温度/℃	-20	0	20	40	60
电阻/kΩ	10~20	4~7	2~3	0.9~1.3	0.4~0.7

2）冷却液温度传感器

发动机冷却液温度传感器（ECT）也称为冷却液温度传感器，主要是用来检测发动机冷却液的温度，并将温度信号转变成电信号输送给 ECU，作为汽油喷射、点火正时、怠速和尾气排放控制的主要修正信号。

冷却液温度传感器安装在发动机节温器处，其电路和工作原理与进气温度传感器相同，都是采用负温度系数的热敏电阻，温度越低，电阻的阻值越大。冷却液温度传感器将冷却液温度的高低转变成电信号，ECU 据此控制供油加浓量（冷车起动时和暖机过程中）、点火正时和怠速转速。

将冷却液温度传感器放入40℃热水中，电阻为0.70 kΩ；从热水中拿出，电阻逐渐上升到1.38 kΩ（20℃）。

✿ 2.2　处理器系统

1. 微型计算机（ECU）端子

以天津威驰的 ECU 为例讲述。

1）电路原理图

如图2-2-1所示，ECU 有三个插座 E4（A）、E5（B）、E6（C），Ⓐ表示插座 A，即插座 E4；其旁边的数字，"1"表示 E4 的第1号端子；字母"BAT"表示该端子的意义，即接蓄电池正极。

2）ECU 的端子位置

如图2-2-2所示，天津威驰 ECU 的端子编号，从右向左，从上向下。

3）ECU 的端子检测数据（表2-2-1）

2. ECU 的基本结构

ECU 采集和处理各种传感器的输入信号，根据发动机工作的要求（喷油脉宽、点火提前角等）进行控制决策的运算，并输出相应的控制信号。除了控制喷油外，还对电动汽油泵、点火、EGR、怠速、废气涡轮增压器的废气阀、空调等进行综合控制。ECU 电路板如图2-2-3所示。

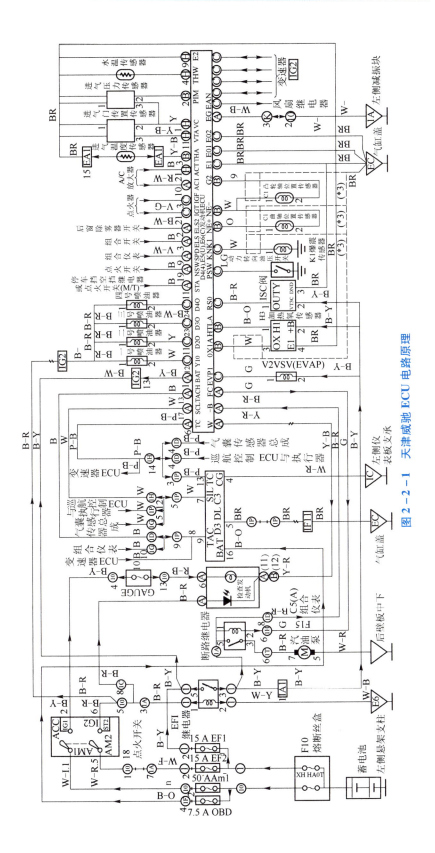

图 2-2-1 天津威驰 ECU 电路原理

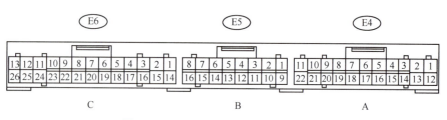

图 2 − 2 − 2 天津威驰 ECU 的端子编号

表 2 − 2 − 1 天津威驰 ECU 的端子检测数据

符号（端子号码）	导线颜色	条件	标准电压/V
BAT（E4 − 1）− E1（E6 − 14）	B/Y − BR	任何情况	9 ~ 14
+ B（E4 − 12）− E1（E6 − 14）	B/R − BR	点火开关扭至"ON"位置	9 ~ 14
VC（E5 − 1）− E2（E5 − 9）	Y − BR	点火开关扭至"ON"位置	4.5 ~ 5.5
VTA（E5 − 11）− E2（E5 − 9）	Y/B − BR	点火开关扭至"ON"位置，节气门全开	0.3 ~ 1.0
		点火开关扭至"ON"位置，节气门全闭	2.7 ~ 5.2
THA（E5 − 3）− E2（E5 − 9）	Y/R − BR	怠速，进气温度20 ℃	0.5 ~ 3.4
THW（E5 − 4）− E2（E5 − 9）	W/B − BR	怠速，发动机冷却液温度80 ℃	0.2 ~ 1.0
STA（E4 − 11）− E1（E6 − 14）	B − BR	起动	小于6.0
#10（E6 − 21）− E01（E6 − 13） #20（E6 − 11）− E01（E6 − 13） #30（E6 − 25）− E01（E6 − 13） #40（E6 − 24）− E01（E6 − 13）	W − BR Y − BR B/W − BR L − BR	怠速	9 ~ 14
		怠速	产生脉冲
IGT（E6 − 21）− E1（E6 − 14）	Y/G − BR	怠速	产生脉冲
IGF（E6 − 3）− E1（E6 − 14）	L/Y − BR	点火开关扭至"ON"位置	4.5 ~ 5.5
		怠速	产生脉冲
G2（E5 − 12）− NE −（E5 − 13）	B − W	怠速	产生脉冲
NE +（E5 − 5）− NE −（E5 − 13）	O − W	怠速	产生脉冲
FC（E4 − 14）− E1（E6 − 14）	G − BR	点火开关扭至"ON"位置	9 ~ 14
OX1A（E5 − 6）− E1（E6 − 14）	W − BR	预热发动机保持在2 500 r/min运转1.5 min	产生脉冲
HT1A（E5 − 16）− E1（E6 − 14）	B/O − BR	怠速	小于3.0
		点火开关扭至"ON"位置	9 ~ 14
KNK1（E6 − 18）− E1（E6 − 14）	W − BR	预热后使发动机转速保持在4 000 r/min	产生脉冲
TC（E4 − 6）− E1（E6 − 14）	P/B − BR	点火开关扭至"ON"位置	9 ~ 14

续表

符号(端子号码)	导线颜色	条件	标准电压/V
W(E4-5)-E1(E6-14)	Y/G-BR	急速	9~14
		点火开关扭至"ON"位置	小于3.5
EVP1(E6-7)-E1(E6-14)	G-BR	点火开关扭至"ON"位置	9~14
RSO(E6-15)-E1(E6-14)	B/R-BR	点火开关扭至"ON"位置	9~14
ACT(E4-21)-E1(E6-14)	B-BR	空调开关断开	7.5~14
		空调开关接通	小于1.5
ESL(E4-3)-E1(E6-14)	G-BR	灯光开关断开	小于3.0
		灯光开关接通	9~14
ELS2(E4-2)-E1(E6-14)	B/W-BR	除雾器开关断开	小于3.0
		除雾器开关接通	9~14
PIM(E5-2)-E2(E5-9)	LG/R-BR	点火开关扭至"ON"位置	3.4~3.8
		应用真空26.7 kPa	2.6~3.0
ACI(E4-10)-E1(E6-14)	B/W-BR	A/C开关接通(急速)	小于1.5
		A/C开关断开	7.5~14
ACI(E4-10)-E1(E6-14)	B/W-BR	A/C开关接通(急速)	小于1.5
		A/C开关断开	7.5~14
TACH(E5-13)-E1(E6-14)	B-BR	急速	产生脉冲
SPD(E4-9)-E1(E6-14)	V/W-BR	点火开关扭至"ON"位置,慢慢转动驱动轮	产生脉冲
PSW(E6-8)-E1(E6-14)	LG-BR	急速,方向盘在中间位置	9~14
		急速,转动方向盘	小于1.5
FAN(E6-9)-E1(E6-14)	W/L-BR	急速,发动机温度不超过80 ℃	9~14
		急速,发动机温度不低于93 ℃	小于1.5
SIL(E4-17)-E1(E6-14)	W-BR	变速器使用时	产生脉冲
NSW(E4-19)-E1(E6-14)	B-BR	点火开关扭至"ON"位置,P、N挡位以外的其他挡位	9~14
		点火开关扭至"ON"位置,P、N挡位	0~3.0

　　汽车用计算机一般有好几个输入接口,它们是转速、负荷、温度、压力等传感器接口。输出接口是控制接口,它们控制外部执行机构如喷油器、点火模块、喷油泵、急速执行器等的动作。ECU内部控制如图2-2-4所示。

图 2 – 2 – 3　ECU 电路板

1）输入回路

输入回路是对输入信号进行预处理。先去除传感器输入信号中的杂波，将正弦波转变为矩形波，最后转换成 5~12 V 的输入电平，如图 2 – 2 – 5 所示。传感器输出的信号有模拟信号和数字信号两种。模拟信号的电压随时间连续变化，数字信号的电压是矩形波。

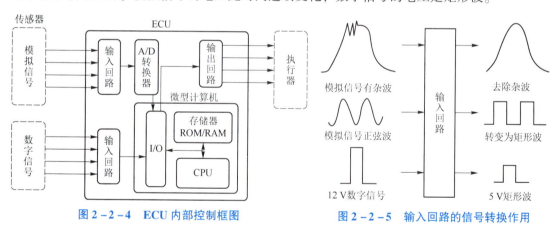

图 2 – 2 – 4　ECU 内部控制框图　　　　图 2 – 2 – 5　输入回路的信号转换作用

2）微型计算机

微型计算机是单片机，将中央处理器（Central Processing Unit，CPU）、存储器、定时/计数器、输入/输出（I/O）接口电路等部件集成在一块电路芯片上，如图 2 – 2 – 6（a）、（b）所示。

微型计算机是汽车控制系统的神经中枢，其作用是通过内存程序和数据库，对传感器输入的信号进行分析、运算、判断等处理，然后向各执行器输出控制指令。

（1）中央处理器 CPU 主要由运算器、控制器和寄存器构成。运算器用于进行数学运算和逻辑运算；控制器是指挥中心，根据程序控制整个计算机系统的工作；寄存器暂时存放参与运算的数据和运算后的结果，如图 2 – 2 – 6（c）所示。

（2）存储器用于存储程序和数据，它一般分为两种，即 RAM 和 ROM。

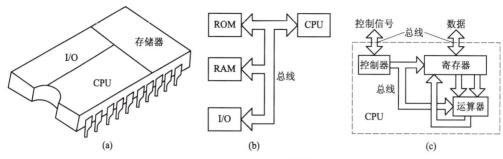

图 2 – 2 – 6　微型计算机

（a）外形；（b）原理；（c）电路框图

（3）输入/输出（I/O）接口的主要功能有数据匹配、电平匹配、时序匹配和频率匹配等。输入/输出接口是 CPU 与输入装置（传感器）、输出装置（执行器）进行信息交流的通道。

（4）总线是 CPU 与其他部件之间传送数据、地址和控制信息的公共通道，它实际上是计算机系统中各部件之间传递信息的一组信号线的集合。CPU、存储器、输入/输出接口等通过总线才能连接在一起。

3. ECU 的工作原理

ECU 接收到点火开关接通信号时，便开始接收传感器输入的信号。微型计算机接收到发动机起动信号时，便进入工作状态。与此同时，根据发动机的工作状态，CPU 从 ROM 中调用某些程序（如喷油控制程序、点火控制程序等）或数据，完成各项控制功能，如图 2 – 2 – 7 和图 2 – 2 – 8 所示。

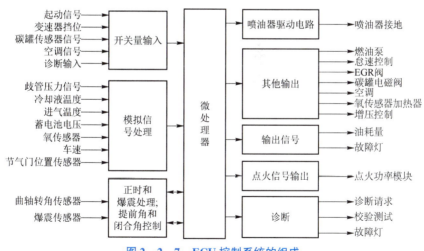

图 2 – 2 – 7　ECU 控制系统的组成

4. 联合电子 M1.5.4 型 ECU 主板

M1.5.4 型 ECU 在吉利、五菱、昌河、铃木、哈飞、长城等国产汽车上应用非常广泛。

（1）M1.5.4 型 ECU 主板元件介绍如图 2 – 2 –9 所示，M1.5.4 型 ECU 主板正面如图 2 – 2 – 10 所示。

①存储器用来存储 ECU 主程序及各工况下点火、喷油的标准数据。

②30424 爆震信号放大模块负责爆震传感器信号模/数转换，如损坏，会引起发动机爆震。

③B58468CPU 是英飞凌的 8 位单片机，负责整个 ECU 的控制工作。如损坏，会引起发

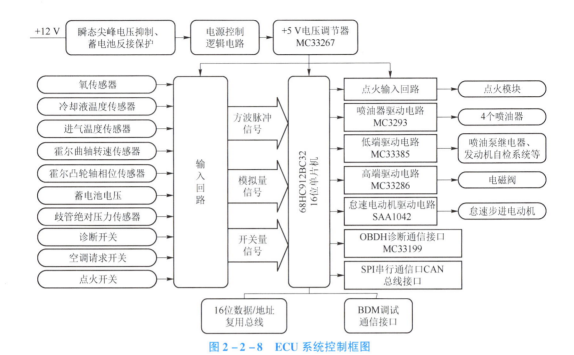

图 2 - 2 - 8　ECU 系统控制框图

图 2 - 2 - 9　M1.5.4 型 ECU 主板元件介绍

1—存储器；2—爆震信号放大模块；3—B58468CPU；4—车速信号输入模块；5—4226 - G 低电平驱动开关集成电路；
6—30023 点火线圈驱动晶体管；7—58574 怠速控制模块；8—30311 传感器信号放大转换电路；9—30373 喷油器驱动；
10—30358 传感器 5 V 电源输出转换模块；11—74HCT573D 地址数据锁存器

动机不点火、不喷油、检测仪无法与电控单元通信，以至于发动机微型计算机不工作。

　　④30023 点火线圈驱动晶体管，如损坏，会引起不点火故障。

　　⑤58574 怠速控制模块，如损坏，会引起发动机无怠速、怠速过高等故障。

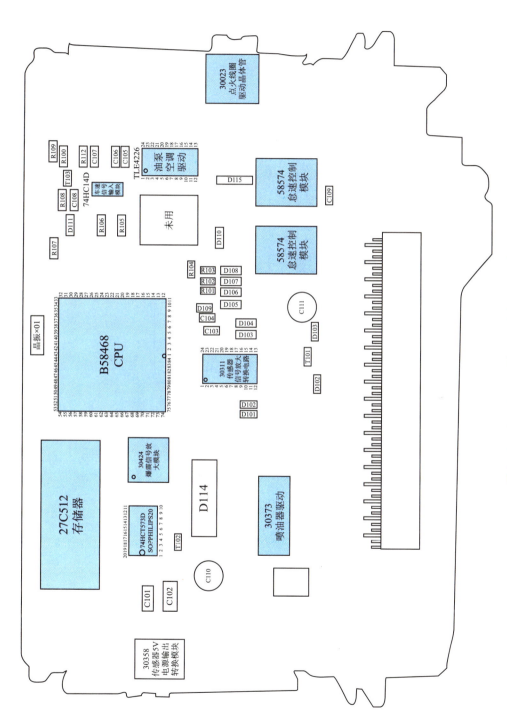

图 2 - 2 - 10 M1.5.4 型 ECU 主板正面示意

⑥30311 传感器信号放大转换电路负责传感器信号的整形与放大，如损坏，会引起不点火、不喷油等故障。

⑦30373 喷油器驱动，如损坏，会引起不喷油故障。

⑧30358 传感器5 V电源输出转换模块，供给系统中需要用电源的传感器（冷却液温度传感器、节气门位置传感器、进气压力温度传感器、蒸发器温度传感器），如损坏，会引起发动机怠速不稳、容易熄火、起动困难等故障。

⑨74HCT573D SOPPHILIPS20 地址数据锁存器。

（2）M1.5.4型ECU电路。M1.5.4型ECU的电路如图2-2-11所示。

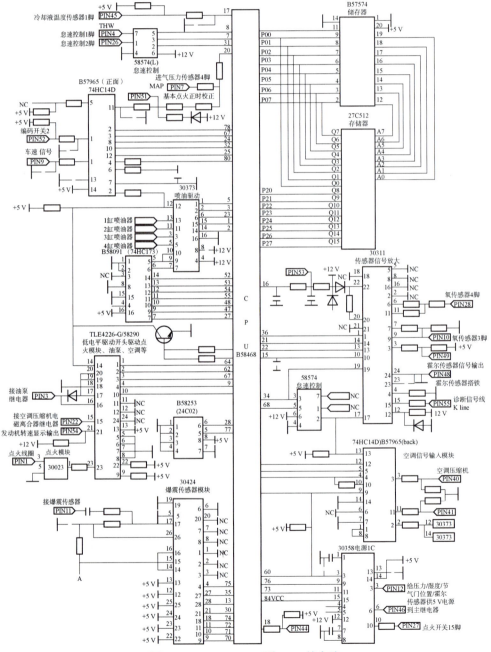

图2-2-11　M1.5.4型ECU的电路

B58468 是英飞凌公司生产的 8 位控制器。它具有 80C537 的典型内核。B58468 并行端口中的 Port7、Port8 可输入模拟信号，也可输入数字信号。当输入模拟信号时，用于 A/D 转换，Port7 和 Port8 的数字输入脚在相邻脚进行 A/D 转换时，状态不应跳变，否则影响转换精度。

M1.5.4 计算机如图 2 – 2 – 12 所示。

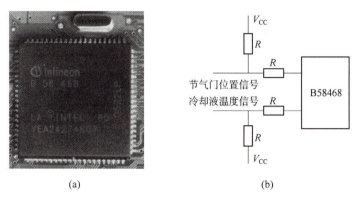

(a)   (b)

图 2 – 2 – 12   M1.5.4 计算机

（a）外形；（b）使用示例

❄ 2.3   喷油嘴喷油控制

1. 喷油器性能的影响因素

1) 喷油器针阀的影响因素

由于喷油器针阀受惯性、电磁线圈的磁滞特性以及磁路效率的影响，在喷油电脉冲加到电磁线圈后，针阀并不是随着电脉冲同步升起到最大值，而是滞后一段时间。

通常把从通电开始到针阀最大升程所需的时间称为开阀时间 T_0，从断电到针阀落座关闭这段时间称为关阀时间 T_c，如图 2 – 3 – 1 和图 2 – 3 – 2 所示。其中，T_1 为通电时间（即脉宽）。开阀时间与关阀时间之差（$T_0 - T_c$）称为无效喷射时间，在这段时间内喷油器并不喷油。其中开阀时间受蓄电池电压的影响较大，而关阀时间受蓄电池电压的影响较小。

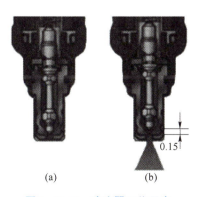

(a)   (b)

图 2 – 3 – 1   喷油器工作示意

（a）喷油器关闭；（b）喷油器打开

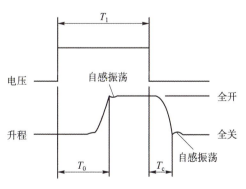

图 2 – 3 – 2   喷油器的工作特性

2）蓄电池电压过低对喷油器工作性能的影响

喷油器喷油时间就是喷油器通电的持续时间。喷油器通电时间越长，混合气越浓。喷油器的实际喷油量与流经其线圈的电流大小有关，当电流增大时，喷油器线圈的吸力增大，从而使喷油器的开阀时间 T_0 缩短，针阀全开时间即有效喷射时间延长，使喷油量增加；反之，当电流减小时，其线圈吸力减小，从而使喷油器的开阀时间 T_0 延长，针阀全开时间即有效喷射时间缩短，使喷油量减少。

蓄电池电压变化时，会影响到喷油器的开启时刻，从而造成喷油量的误差。所以，ECU还要根据蓄电池电压对喷油量进行修正，通常采用修正通电时间的方法来消除蓄电池电压变化对喷油量的影响。如图 2 – 3 – 3 所示，当电源电压过低时，适当延长通电时间；当电源电压较高时，适当缩短通电时间。另外，喷油时间的修正值还与喷油器的规格及驱动方式有关。

3）喷油器驱动形式与性能

喷油器驱动形式分为电流驱动和电压驱动，如图 2 – 3 – 4 所示，电流驱动方式只适用于低阻值喷油器，电压驱动方式对高阻值喷油器和低阻值喷油器均可使用。

喷油器电流驱动方式是使用低电阻喷油器（阻值 $0.6 \sim 3\ \Omega$），蓄电池电压直接加在喷油器上。由于喷油器电阻值较小，当接通驱动电路时，通过喷油器线圈的电流会上升很快，使针阀快速打开。随着电流的上升，检测点 A 的电位也很快升高。当 A 点电位上升到设定值时，控制模块会控制三极管 VT，以 20 MHz 的频率交替地导通和截止，使通过喷油器线圈的平均电流保持在 $1 \sim 2\ A$，保持针阀的开启状态。这时喷油器的响应性好，可缩短无效喷油时间，既防止了电磁线圈的发热损坏，又减少了能量消耗。

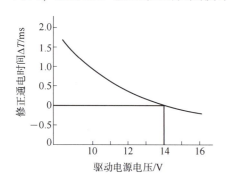

图 2 – 3 – 3　蓄电池电压修正曲线

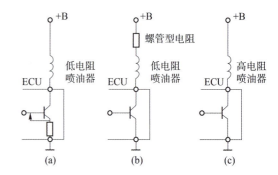

图 2 – 3 – 4　喷油器驱动方式

（a）电流驱动；（b）低阻值电压驱动；（c）高阻值电压驱动

2. 喷油正时控制

喷油正时控制是指喷油器开始喷油时刻的控制。燃油喷射系统有单点喷射系统和多点喷射系统两种。单点喷射系统对正时没有要求，因此不需要控制。多点喷射系统控制主要有同步喷射正时控制和异步喷射正时控制两种情况。

1）同步喷射正时控制

同步喷射是指汽油的喷射与发动机旋转同步，ECU 根据曲轴的转角位置控制开始喷射的时刻。同步喷射正时控制如图 2 – 3 – 5 所示。发动机处于稳定工况时，大都以同步喷射控制方式工作。同时喷射、分组喷射、顺序喷射大多属于同步喷射。

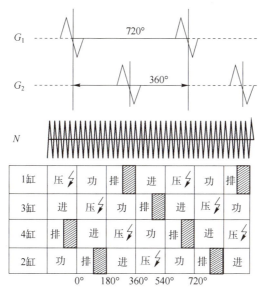

图2-3-5　同步喷射正时控制

2）异步喷射正时控制

异步喷射是指ECU只是根据相关传感器的输入信号，控制开始喷油时刻，而与曲轴转角位置无关，是一种随机喷射。发动机处于起动、加速等非稳定工况时，以异步喷射方式工作，或在同步喷射的基础上增加异步喷射，对喷油量进行临时补偿。

加速时，节气门开度、进气量与喷油时刻的对应关系，如图2-3-6所示。

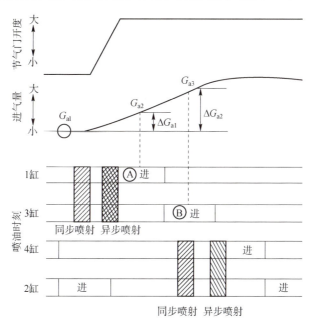

图2-3-6　异步喷射

3. 喷油量计算

喷油量的控制其实就是喷油器通电时间的控制。喷油量的控制方式有起动喷油量控制、正常运转喷油量控制、反馈控制、断油控制和空燃比控制等。

1）起动喷油量控制

（1）预设起动程序喷油。在发动机起动时，吸入气缸的空气量较少，空气流量计的检测精度低，因此起动时不把空气流量计的信号作为喷油控制的依据，而是用来自发动机冷却液温度传感器的信号来计算，如图 2-3-7 所示。找出相应的基本喷油持续时间，ECU 再根据进气温度和蓄电池电压对基本喷油时间进行修正，得到起动过程实际的喷油持续时间，将其作为起动工况的主喷油量，该喷油量和喷油时刻与发动机曲轴转角有固定的关系，这部分喷油为同步喷射。

（2）起动供油量，视发动机热状态而异，高温起动时修正喷油量。在起动喷油控制程序中，ECU 按发动机冷却液温度、进气温度、起动转速计算出一个固定的喷油量，供给极浓而少的混合气（其过量空气系数 α 在 0.2~0.6）。如图 2-3-8 所示，发动机冷却液温度或进气温度越低，喷油量就越大，加浓的持续时间也越长。部分旧款车型另设有冷起动喷油器和冷起动温度时间开关。

（3）溢油消除功能。发动机起动时，向发动机提供很浓的混合气，若多次起动未成功，将会造成混合气过浓，火花塞潮湿，不能正常点火，使起动更加困难，这种情况称为溢油或淹缸。为此，ECU 设置了溢油消除功能。在起动时踩下油门踏板，使节气门全开时，发动机 ECU 使喷油器停止喷油，以排除气缸中多余的燃油，使火花塞干燥。在这种情况下，若点火开关处于起动位置、发动机转速低于 500 r/min、节气门全开，则进入溢油消除状态。因此，在电控汽油喷射发动机起动时，不必踩下油门踏板发动机就可起动；反之，若踩下油门开关，则有可能进入溢油消除状态而无法起动。

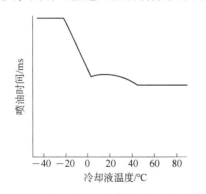

图 2-3-7　冷却液温度与起动喷油时间的关系

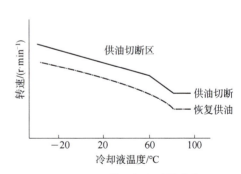

图 2-3-8　供油切断特性曲线

2）正常运转喷油量控制

在正常运转工况，由于 ECU 要考虑的运转参数很多，所以为了简化程序，通常将喷油量分成基本喷油量、修正量、增量三个部分，并分别计算出结果，然后再将三个部分叠加在一起，作为总喷油量来控制喷油器喷油。

（1）基本喷油量。基本喷油量是根据发动机每个工作循环的进气量，按理想空燃比 14.7 计算出的喷油量，即：

$$每循环基本喷油量 = \frac{系数 \times 空气流量}{发动机转速}$$

（2）修正量。修正量是根据进气温度、大气压力、蓄电池电压等实际运转情况，对基本喷油量进行的适当修正，以使发动机在不同运转条件下都能获得最佳浓度的混合气。修正量的大小用修正系数表示：

$$修正系数 = \frac{修正后的喷油量}{基本喷油量}$$

修正量包括：

①进气温度修正。

②大气压力修正。

③蓄电池电压修正。

（3）增量。增量是当发动机工况变化时，如暖机、加速等，为加浓混合气而增加的喷油量，以使发动机获得良好的动力性、加速性、平顺性等使用性能。一般在低温起动后、暖机过程、大负荷、加速过程等工况下，需要加浓混合气。增量的大小用增量比表示：

$$增量比 = \frac{基本喷油量 + 增量}{基本喷油量}$$

增量包括：

①起动后增量。

②暖机过程增量。

③大负荷工况增量。

④加速工况增量。

4. 喷油持续时间的计算与控制

发动机各种工况最终喷油量，是 ECU 通过对喷油器的通电时间的控制获得的。

1）起动后发动机喷油持续时间

起动后喷油持续时间由根据进气量确定的基本喷油持续时间和发动机运行状态参数决定的修正喷油持续时间构成。其计算公式表示如下：

$$T = k \cdot T_p + T_v$$

式中　T——喷油持续时间，ms；

　　　T_p——基本喷油持续时间，ms；

　　　k——与发动机运行状态有关的综合修正系数，即增量比；

　　　T_v——喷油器无效喷射持续时间，ms。

（1）基本喷油持续时间 T_p。基本喷油持续时间 T_p 是 ECU 为了达到目标空燃比计算求得的喷油持续时间。目标空燃比（A/F）一般取 14.7。

（2）基本喷油持续时间综合修正系数 k。基本喷油持续时间综合修正系数 k 包括暖机过程的喷油量修正、怠速稳定性修正、大负荷工况时的喷油量修正、加速工况时的喷油量修正、目标空燃比反馈修正系数 k_0 和空燃比控制产生的修正系数 k_L。

①怠速稳定性修正。

②空燃比反馈修正。汽油喷射系统使用氧传感器进行反馈控制（闭环控制），必须使用无铅汽油，将混合气控制在理论空燃比附近很窄的范围内。对起动、暖机、怠速、加速、满

负荷等特殊运行工况，仍需采用开环控制。

③空燃比修正。空气供给系统堵塞会造成混合气过浓，喷油器堵塞会造成混合气过稀。虽然借助于氧传感器可以实现空燃比的反馈控制，将混合气浓度修正到理想空燃比附近，但是反馈控制修正的范围是有限的，一般在 $0.8 \sim 1.2$，如图 $2-3-9$（a）中 C 所示。一旦修正值超过修正范围，就会造成控制困难。图中的"反馈修正值的中心位置"就是"空燃比偏移量"。

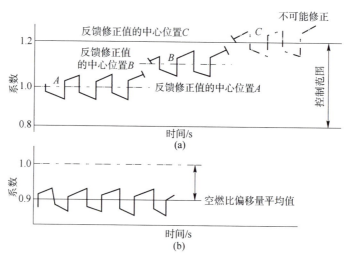

图 2 - 3 - 9　空燃比反馈修正范围

（a）反馈修正值的中心位置；（b）空燃比偏移量

2）断油控制

断油控制主要有超速断油控制、减速断油控制以及减扭矩断油控制三种。

（1）超速断油控制。过去常采用停止点火或延迟点火的办法防止发动机超速。这种方法排放污染严重，燃油经济性很差。而超速断油控制是在发动机转速超过允许的最高转速时，由计算机自动中断喷油，以防止发动机超速运转，造成机件损坏，也有利于减小燃油消耗量，减少有害排放物。控制过程如图 $2-3-10$ 所示。

（2）减速断油控制。断油转速和恢复喷油转速与冷却液温度、空调是否工作、用电负荷等因素有关。发动机冷却液温度越低，断油转速越高，其特性如图 $2-3-11$ 所示。

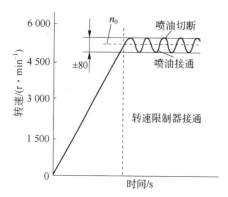

图 2 - 3 - 10　Motronic 超速断油控制过程

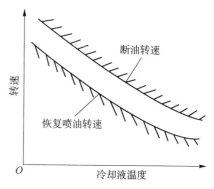

图 2 - 3 - 11　减速断油控制特性

2.4　典型故障与维护

1. ECU 引起空调继电器不吸合故障检测（图 2 - 4 - 1）

（1）ECU 加电，通过 10 kΩ 电阻接到 5 V 电源并在 PIN48 脚上加高电平。测量 B57965 的第 11 脚有无高电平信号。如果无，则 PIN48 ~ B57965 的第 11 脚之间为断路；如果有，则进行下一步。

（2）测量 B57965 的第 10 脚是否为低电平信号。如果不为低电平，则检查 B57965 或其周围器件是否有损坏；如果没损坏，则测量 B58468 的第 79 脚是否为低电平；如果否，则 B57965 ~ B58468 有断路；如果是，则进行下一步。

（3）测量 B58468 第 65 脚是否是高电平输出。如果否，则更换 B58468；如果是，则进行下一步。

（4）测量 B58290 的第 10 脚是否为高电平。如果否，则 B58290 ~ B58468 存在断路；如果是，则进行下一步。

（5）测量 B58290 的第 15 脚是否为低电平。如果否，则 B58290 或其周围器件损坏；如果是，则 ECU 没有问题，检查空调继电器电路。

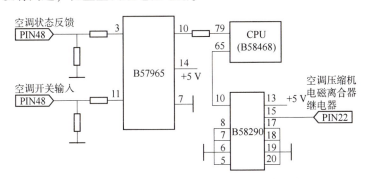

图 2 - 4 - 1　ECU 引起空调继电器不吸合故障检测

2. ECU 引起燃油泵继电器不吸合故障检测（图 2 - 4 - 2）

（1）ECU 加电，用波形信号发生器模拟转速信号加至 ECU 插脚 PIN48 及 PIN49，测量 B58468 的第 67 脚有无低电平驱动信号输出。如果无，则更换 B58468；如果有信号，则进行下一步。

（2）测量 B58290 的第 16 脚是否为低电平。如果否，则说明 B58290 及周围电路有故障；如果是低电平信号，则表明燃油泵控制电路工作正常，故障出在 ECU 外部电路。

3. ECU 引起尾气冒黑烟的故障检测（图 2 - 4 - 3）

（1）给 ECU 加电，然后按照如图 2 - 4 - 4 所示的方法将一个 1 kΩ 的可变电阻器和一个 4.7 kΩ 的固定电阻模拟氧传感器信号接到 PIN28 和 PIN10，改变可变电阻器的电阻，同时测量 30311 的第 6、11 针脚有无电压变化。如果无电压变化，则说明 30311 的第 6、9、11、7 针脚之间是断路，用万用表检查并排除故障；如果有电压变化，则进行下一步。

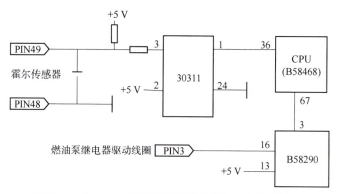

图 2 - 4 - 2　ECU 引起燃油泵继电器不吸合故障检测

（2）测量 30311 的第 10 脚有无电压变化。如果无电压变化，则说明 30311 损坏或其周围器件损坏；如果有电压变化，则进行下一步。

（3）测量 B58468 的第 15 脚有无电压变化。如果无电压变化，则说明 B58468～30311 存在断路，用万用表排除故障；如果有电压变化，则进行下一步。

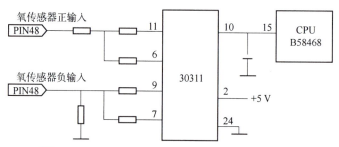

图 2 - 4 - 3　ECU 引起尾气冒黑烟的故障检测电路

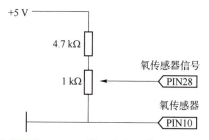

图 2 - 4 - 4　用 1 kΩ 可变电阻器和 4.7 kΩ 的固定电阻模拟氧传感器信号改变电阻、测量电压

（4）用示波器测量 B58468 的第 1、2、3、5 针脚的喷油脉宽是否有变化。如果有变化，则说明程序运行不正常，更换 27C512 及 B58253，或对 27C512 重写程序；如果无变化，则进行下一步。

（5）测量 30373 的第 11、13、3、5 针脚脉宽是否有变化。如果无变化，则更换 30373；如果有变化，则说明 ECU 工作正常，应进一步检查其他电路及器件。

4. ECU 引起无冷车高怠速故障检测（图 2 - 4 - 5）

（1）ECU 加电后，测量 B58574 的第 3、5 针脚有无方波信号。如果没有，首先检查 B58468 的第 7、8、34、68 针脚至 B58574 第 3、5 针脚的通路。若无断路现象，则重写

27C512、B58253 的程序，或更换 B58468；如果有，则进行下一步检查。

（2）将 PIN14 与 PIN26 之间、PIN21 与 PIN29 之间跨接 100 Ω 电阻，测量 B58574 的第 1 脚和第 7 脚有无方波信号。如果无，则更换 B58574；如果有，则检查外部的怠速电动机电路。

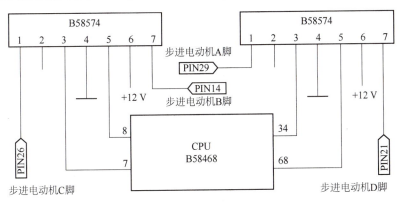

图 2 - 4 - 5　ECU 引起无冷车高怠速故障检测

5. 燃油喷射控制故障检修

以大众高尔发动机为例。

1）发动机丢转速故障现象

一辆高尔汽车，行驶里程 15 200 km，在中速（车速 80 km/h，发动机转速为 2 000 r/min）行驶时，出现发动机丢转速现象（转速下降 200 r/min 左右）。有时是几秒，有时时间稍长一些，然后发动机又恢复正常工作。丢转速故障的时间间隔没有规律性。

2）故障诊断与排除

首先用检测仪检测故障代码。只有在发生发动机丢转速的时候，才会读出 00537 和 00561 两个偶发故障代码，如图 2 - 4 - 6 所示，但故障代码可以清除。分析故障信息 "00537——Lambda 控制" 和 "00561——混合匹配数值超出上、下匹配极限"，此故障与发动机的燃油系统、进气系统、点火系统以及机械因素有关，且又属于偶发故障现象。

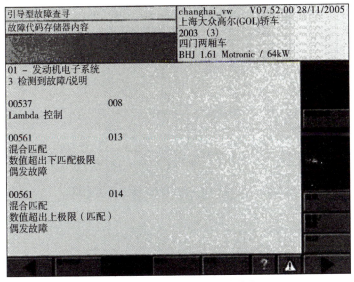

图 2 - 4 - 6　发动机丢转速故障代码

　　该车故障检测出现的两个故障代码（00537 和 00561）都是与混合浓度和燃油修正控制有关的故障码。确实有很多因素会引起这两个故障代码的存储，但是这两个故障代码均属于非常态的偶发性故障代码，排除这样的故障的确比较烦琐，需要检查和监控的参数比较多。

　　经检测，该故障是由于发动机电控单元的接地线与蓄电池负极搭铁（图 2 - 4 - 7）不良，造成发动机 ECU 出现瞬间控制失常。所以，发动机 ECU 在中速时因电源故障出现瞬间喷油控制（图 2 - 4 - 8）失常，使混合气的浓度不符合要求，造成动力下降，而氧传感器检测到了此信号，并将其作为偶发故障代码存储在 ECU 的 RAM 读写存储器中。

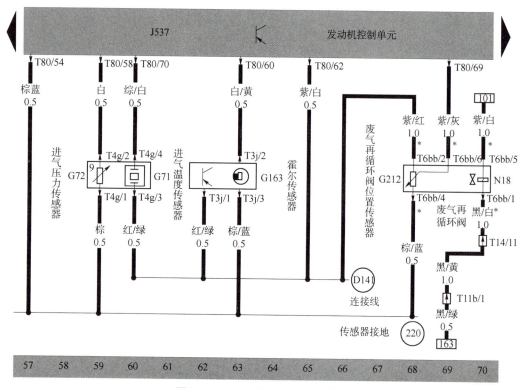

图 2 - 4 - 7　发动机电控单元搭铁

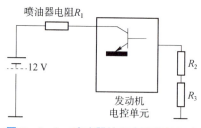

图 2 - 4 - 8　喷油器控制电路搭铁不良

项目三

汽车总线系统与网络

 学习目标

（1）了解汽车总线系统的结构和类型；

（2）掌握汽车总线系统的典型故障排除。

❋ 3.1 总线与信息处理

CAN 是 Controller Area Network 的缩写，是 ISO 国际标准化组织的串行通信协议。

在当前的汽车产业中，出于对安全性、舒适性、方便性、低公害、低成本的要求，各种各样的电子控制系统被开发了出来。由于这些系统之间通信所用的数据类型及对可靠性的要求不尽相同，由多条总线构成的情况很多，线束的数量也随之增加。为适应"减少线束的数量""通过多个 LAN，进行大量数据的高速通信"的需要，1986 年德国电气商博世公司开发出面向汽车的 CAN 通信协议。

此后，CAN 通过 ISO 11898 及 ISO 11519 进行了标准化，现在在欧洲已是汽车网络的标准协议，并被广泛地应用于工业自动化、船舶、医疗设备、工业设备等方面。现场总线是当今自动化领域技术发展的热点之一，被誉为自动化领域的计算机局域网。它的出现为分布式控制系统实现各节点之间实时、可靠的数据通信提供了强有力的技术支持。

现代社会对汽车的要求不断提高，这些要求包括：极高的主动安全性和被动安全性，乘坐的舒适性，驾驶与使用的便捷化和人性化，尤其是低排放和低油耗等。

在汽车设计中运用微处理器及其电控技术是满足这些要求的最好方法，而且这一方法已经得到了广泛的运用，目前运用这一方法的系统有：ABS（防抱死系统）、EBD（制动力分配系统）、EMS（发动机管理系统）、多功能数字化仪表系统、主动悬架系统、导航系统、电子防盗系统、自动空调系统和自动 CD 机系统等。

1. 汽车电子技术发展的特点

（1）汽车电子技术从单一的控制逐步发展到综合控制，如点火时刻、燃油喷射、怠速控制、排气再循环等。

（2）汽车电子技术从发动机控制扩展到汽车的各个组成部分，如制动防抱死系统、自动变速系统、信息显示系统等。

（3）汽车电子技术从汽车本身到融入外部社会环境。

2. 现代汽车电子技术的分类

（1）单独控制系统：由一个电子控制单元（ECU）控制一个工作装置或系统的电子控制系统，如发动机控制系统、自动变速器等。

（2）集中控制系统：由一个电子控制单元（ECU）同时控制多个工作装置或系统的电子控制系统，如汽车底盘控制系统。

（3）控制器局域网络系统（CAN 总线系统）：由多个电子控制单元（ECU）同时控制多个工作装置或系统，各控制单元（ECU）的共用信息通过总线互相传递。

从布线角度分析，传统的电气系统大多采用点对点的单一通信方式，相互之间少有联系，这样必然需要庞大的布线系统。据统计，一辆采用传统布线方法的高档汽车中，其导线长度可达 2 000 m，电气节点达 1 500 个，而且根据统计，该数字大约每 10 年增长 1 倍，从而加剧了粗大的线束与汽车有限的可用空间之间的矛盾。无论从材料成本还是工作效率来看，传统布线方法都将不能适应汽车的发展。而在汽车内部采用基于总线的网络结构，可以达到信息共享、减少布线、降低成本以及提高总体可靠性目的（图 3 - 1 - 1）。

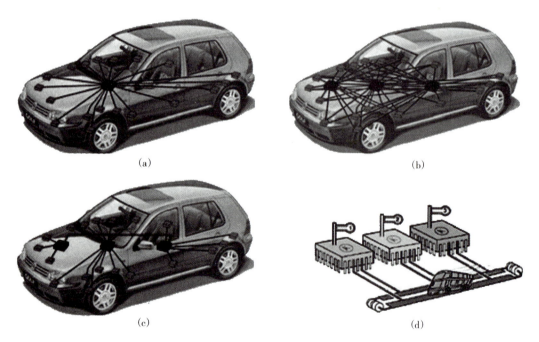

（a）　　　　　　　　　　　　　　（b）

（c）　　　　　　　　　　　　　　（d）

图 3 - 1 - 1　从单独控制系统到 CAN 总线系统

（a）从中央控制单元到网络系统；（b）带有三个中央控制单元的车；
（c）带有三个中央控制单元和总线系统的车；（d）CAN 数据总线网络

🌸 3.2 车载网络系统

车载总线系统出现是由于：

（1）电控系统的引入显著提高了车辆的综合性能。

（2）线束和元件的不断增加与有限的车内空间产生了矛盾。在传统的汽车中，电气信号的连接是通过线束实现的。随着汽车中电子部件数量的增加，线束与配套接插件的数量也在成倍上升。在1955年，平均一辆汽车所用线束的总长度为45 m，而到了2002年，平均一辆汽车所用线束的总长度却达到了4 km。线束的增加不但占据了车内的有效空间、增加了装配和维修的难度、提高了整车成本，而且妨碍了整车可靠性的提高。

（3）电控单元（ECU）的增多使网络通信的发展成为必然。基于数据通信的车载网络，为提高汽车性能和减少线束数量提供了有效的解决途径。

1. 电控单元

电控单元，又称为ECU（Electrical Control Unit），一般是汽车内部系统控制模块的代名词。ECU的主要部分是微机，而核心件是CPU。ECU将输入信号转化为数字形式，根据存储的参考数据进行对比加工，计算出输出值，输出信号再经功率放大去控制若干个调节伺服元件，例如继电器和开关等。因此，ECU实际上是一个"电子控制单元"（Electronic Control Unit），它由输入电路、微机和输出电路三部分组成。电控单元（ECU）是电控系统的核心，安装在轿车右前翼子板处。

迄今为止，已有多种网络标准，为方便研究和设计使用，美国汽车工程师协会（SAE：Society of Automotive Engineers）将汽车网络根据速率划分为A，B，C，D，E五类，各类网络的特点见表3-2-1。

表3-2-1 车用网络的分类

类别	位速率	应用范围	目前主要网络
A	1～10 Kb/s	面向传感器、执行器，主要应用于电动门窗、座椅调节、灯光照明等控制	TIP/A、LIN
B	10～100 Kb/s	面向独立模块间的数据共享，主要应用于车辆信息中心、故障诊断、仪表显示等系统	低速CAN、J1850、VAN
C	125 Kb/s～1 Mb/s	面向实时控制，主要用于与汽车安全相关，以及实时性要求比较高的地方，如动力系统	高速CAN、TTP/C、FlexRay
D	250 Kb/s～400 Mb/s	面向多媒体、导航系统等，主要用于娱乐和多媒体信息交换的车载网络	IDB－C、IDB－M、IDB－Wireless、MOST
E	10 Mb/s	面向乘员的安全系统，主要应用于车辆被动安全领域	Byteflight

例如，奥迪A4轿车车用网络系统（图3-2-1）包含了上述五类网络中的A类网络LIN、B类网络低速CAN、C类网络高速CAN、D类网络MOST及蓝牙（Bluetooth）等技术。

对于D类和E类网络标准，综合考虑功能和位速率等因素，现有的汽车总线可分为多媒体信息系统总线、安全总线和诊断系统总线。

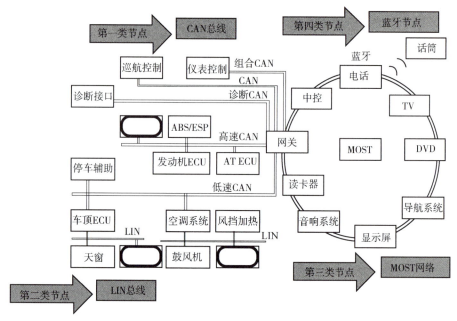

图 3 - 2 - 1　奥迪 A4 轿车车用网络系统示意

CAN 协议仍为 C 类网络协议的主流，但随着汽车中引进 X - by - Wire 系统，TTP/C 和 FlexRay 将显示出优势。它们之间的竞争还要持续一段时间，在未来的线控系统中，到底哪一种标准更具有生命力尚难定论。

故障诊断是现代汽车必不可少的一项功能，使用诊断系统的目的主要是满足 OBD - Ⅱ（On Board Diagnose）、OBD - Ⅲ或 E - OBD（European - On Board Diagnose）标准。

OBD - Ⅱ（第二代随车计算机诊断系统）由美国汽车工程师学会于 1994 年提出。1994 年以来，美、日、欧等国家的一些主要汽车生产厂为了维修方便而逐渐使用 OBD - Ⅱ。这一系统集故障自诊断系统软硬件结构、故障代码、通信方式系统、自检测试模式为一体，具有监视发动机微机和排放系统部件的能力。

汽车诊断系统通信标准与随车计算机诊断系统的适配情况见表 3 - 2 - 2。

表 3 - 2 - 2　汽车诊断系统通信标准与随车计算机诊断系统的适配情况

协议标准	用户	备注
ISO 9141	欧洲	满足 OBD - Ⅲ
ISO 14230	欧洲	又称 Keyword Protocol 2000；满足 OBD - Ⅱ
J1850	GM、Ford、DC	满足 OBD - Ⅱ
J2480	GM、Ford、DC	基于 CAN；满足 OBD - Ⅳ
ISO 15765	欧洲	基于 CAN；满足 E - OBD

2004 年，美国 GM、Ford、DC 三大汽车公司对乘用车采用基于 CAN 的 J2480 诊断系统通信标准。而从 2000 年开始，欧洲汽车厂商就已经能够使用一种基于 CAN 总线的诊断系统通信标准 ISO 15765。

目前，除了 CAN 网络，LIN 协议也已经成为汽车诊断的总线标准。

汽车信息娱乐和远程信息设备，特别是汽车导航系统，需要功能强大的操作系统和连接能力。目前应用的几种主要总线协议见表 3 – 2 – 3。

表 3 – 2 – 3 目前应用的几种主要总线协议

分类	总线协议	位速率	应用范围	备注（类别）
低速	IDB – C	250 Kb/s	工作速率为 250 Kb/s 的设备	基于 CAN 总线
高速	D2B	11.2 Mb/s	CD/DVD、显示器和音频/视频系统	—
	MOST	50 Mb/s	汽车导航、显示、蜂窝电话以及 CD/DVD 等	（D 类）
	IDB – 1394	400 Mb/s	DVD 和 CD 播放机、显示器和音频/视频系统	基于 IEEE – 1394 Fire Wire 标准
无线	蓝牙	2.4 GHz	手机、计算机和 PDA 彼此之间的互连	短距离射频技术
	ZigBee	2.4 GHz	工业控制、家庭自动化、消费类应用、汽车应用	针对蓝牙技术受车内电磁噪声影响的问题而提出，传输范围达 75 m，目前在测试（查证）

下面将详细讲述几种网络技术。

（1）MOST 网络。MOST 网络是由德国 Oasis Silicon System 公司开发的。MOST 技术针对塑料光纤媒体而优化，采用环型拓扑结构，在器件层提供高度的可靠性和可扩展性。它可以传送同步数据（音频信号、视频信号等流动型数据）、非同步数据（访问网络及访问数据库等的数据包）和控制数据（控制报文及控制整个网络的数据）。MOST 得到包括 BMW、Daimler Chrysler、Harman/Becker 和 Oasis 等公司的支持，已应用在多款车型上，如 BMW7 系列、Audi A – 8、Mercedes E 系列等。

（2）Bluetooth（蓝牙）。随着蓝牙技术的发展，短距点对点通信的蓝牙技术在汽车中寻求到了发展空间，其相对低廉的成本和简便的使用方法得到了汽车业界的认同。蓝牙无线技术是一种用于移动设备和 WAN/LAN 接入点的低成本、低功耗的短距离射频技术。蓝牙标准描述了手机、计算机和 PDA 如何方便地实现彼此之间的互连，以及与家庭和商业电话和计算机设备的互连。蓝牙特殊兴趣组的成员包括 AMIC、BMW、Daimler-Chrysler、Ford、GM、Toyota 和 Volkswagen 等公司。

移动电话与车内媒体之间的信息交互成为蓝牙技术进入汽车的突破点，Johnson Controls 公司的免提手机系统"Blue Connect"允许驾驶员在双手扶住方向盘的情况下，通过支持蓝牙功能的手机保持联系。在 Daimler-Chrysler 推出的 Uconnect 蓝牙免提电话系统中，蓝牙成为移动电话与车内媒体之间进行信息交互的手段，驾驶员通过安装在挡风玻璃上的麦克风和车内音响系统的扬声器与他人通话，这将驾驶员的双手从操作移动电话中解脱出来，从而保证了行车安全。

（3）ZigBee 无线网络。ZigBee 无线网络在汽车上应用的方案是针对蓝牙技术受车内电磁噪声影响的问题而提出的。ZigBee 可以工作在低于 1 GHz 的频带范围与 2.45 GHz 的频带范围，传输速率为 250 Kb/s，主要应用范围包括工业控制、家庭自动化、消费类应用以及潜在的汽车应用。目前，ZigBee 联盟发布了首批成功完成互操作性测试的四款平台，这些平台将用来测试未来数月内推出的 ZigBee 产品，为 ZigBee 在各领域的实际应用铺平道路。

2. 汽车网络的发展趋向

X – by – Wire，即线控操作，是未来汽车控制系统的发展方向。该技术来源于飞机制造，基本思想就是用电子控制系统代替机械控制系统，以减轻重量，提高可靠性，如 Steer – by – Wire，Brake – by – Wire 等。由于整个设计思想涉及动力、制动、方向控制等关键功能，因此线控操作对汽车网络也就提出了不同要求。在未来的 5 ~ 10 年里，X – by – Wire 技术将使传统的汽车机械系统变成通过高速容错通信总线与高性能 CPU 相连的电气系统。

在一辆装备了综合驾驶辅助系统的汽车上，目前存在几种相互竞争的网络技术，包括前文提到的 TTP、Byteflight 和 FlexRay 以及 TTCAN（时间触发的 CAN）。至于哪一种总线网络会成为今后的标准，目前还尚难定论，但从长远来看，车载网络还远没有达到成熟阶段。信息与电子技术发展很快，车辆上的应用又有比较大的滞后，所以车上信息与电子技术的应用还有很大的发展空间。它们将对车上通信与控制网络提出一些新的需求，同时为新的车上网络技术提供技术支持。

3. 车载总线技术的优点与市场前景

车载总线技术的优点：

（1）基于总线技术或者无线技术，车辆电子综合控制可以在真正意义上实现车辆信息数据融合，将汽车电控系统的性能提升到新的层次。

（2）减小了车内线束的复杂程度，使得电控系统布置更加灵活。

（3）为实现智能汽车和智能交通奠定了基础。智能交通系统通过采用先进的电子技术、信息技术、通信技术等高新技术，对传统的交通运输系统及管理体制进行了改造，从而形成了一种信息化、智能化、社会化的新型现代交通系统。通过网络技术，车辆所有的电子设备都可以互相控制和访问，实现车辆与车辆、车辆与公共信息服务中心之间的数据和信息交换，为交通的网络化管理提供接口。

可以看出，在未来几十年里汽车的网络化是发展的主题。无论采用总线技术还是采用无线通信技术，还是将总线技术同无线通信技术相结合，各大汽车生产商和零配件公司都在针对自己的技术水平、技术发展预测、经济水平等综合因素选择适合自己的方式进行汽车网络化。

当前的几种汽车网络协议及其应用情况见表 3 – 2 – 4。

表 3 – 2 – 4　当前的几种汽车网络协议及其应用情况

协议	机构	应用领域	传输介质	访问方式	传输速率
LIN	Motorola	智能传感器、座椅、门锁、天窗、视镜调整等	单线	主/从	1 ~ 20 Kb/s
VAN	Renault&PSA	车身控制系统（法）	双绞线	竞争	250 Kb/s
CAN	BOSCH/SAE/ISO	故障诊断、传动装置和发动机控制	双绞线	竞争	10 Kb/s ~ 1 Mb/s
TTCAN	CiA	发动机管理系统和底盘控制系统	双绞线	时间触发或竞争	1 ~ 2 Mb/s

续表

协议	机构	应用领域	传输介质	访问方式	传输速率
TTP/C	U – VIENNA	安全控制、线控系统	双绞线或光纤	同步	4 Mb/s
FlexRay	Motorola&BMW	底盘控制、主体和动力系统等线控系统	双绞线或光纤	时间触发或优先级	10 Mb/s
SafetyBus	Delphi	安全气囊等安全控制			
Byteflight	BMW	安全气囊等安全控制、中央门锁与座位调节	光纤	主/从	10 Mb/s
D2B	Optical Chip	多媒体	光纤	竞争	12 Mb/s
MOST	MOST 合作组织	多媒体	光纤		50 Mb/s

由于各方面的原因，汽车行业要建立一个统一的汽车网络协议体系还有不少困难。不过，目前对汽车网络的应用已逐渐形成较为统一的看法：在低速网络中使用 LIN；在中速网络中采用低速 CAN；在高速网络中，对于现行汽车的实时分布控制方式，高速 CAN 将成为事实上的标准，但在采用 X – by – Wire 技术的下一代汽车中，TTP/C 与 FlexRay 的竞争暂未完结；面向多媒体导航系统的 MOST 协议看起来势头正猛，它在减重和抗干扰方面有独特的优点，但它是一个封闭性的平台，它的对手 IDB1394 是一个开放标准，可最大限度地利用民用设备市场，因此具有很大潜力；在面向乘员的安全系统的网络中，Byteflight 显示了其独特的优势。

J1850 将要被淘汰，Byteflight 也没有得到广泛认同。除蓝牙技术以外（无线通信范畴），它们在位速率和成本上所占据的范围几乎不存在重叠区域，并且成本与位速率呈现递增关系。这反映出网络在汽车领域已被不同的车用总线所"瓜分"，而且这些总线在各自领域中呈现出独霸一方的局面。

CAN – B、CAN – C 和 TTCAN 这三类都是由 CAN 规范所衍生出来的总线标准。从成本上看，这三类总线比较有市场竞争力，因此，在汽车行业也格外受到青睐，CAN 被认为是车载网络领域最优发展前途的总线规范之一。

在汽车上应用网络技术的目的一是减少线束，二是提高传输速度，从而达到提高汽车综合性能的目的。在计算机网络和现场总线技术的基础上，开发各种应用于汽车环境的网络技术和设备，组建汽车内部的通信网络，是现代汽车发展的重要趋势。考虑到汽车上网络应用的层次和目的变化大，以及汽车对成本价格的敏感，汽车上将是多种层次网络的互联网结构（图 3 – 2 – 2）。随着世界上各大汽车公司的网络控制技术平台的建立，网络技术在汽车中的应用会迅速普及。我国相关企业、机构应抓住这个机会，在汽车网络标准建立、技术应用方面加强开发研究，尽快形成自己独立的知识产权，在汽车网络知识领域中占据一席之地。

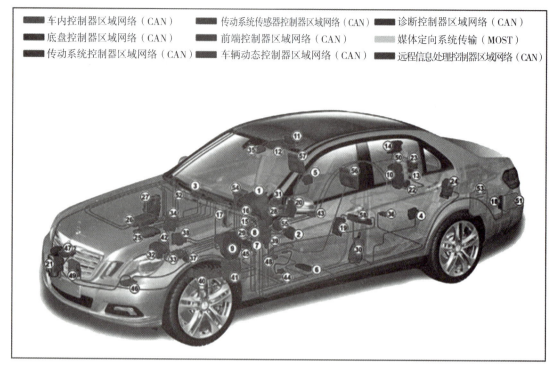

車内控制器区域网络（CAN）　　传动系统传感器控制器区域网络（CAN）　　诊断控制器区域网络（CAN）
底盘控制器区域网络（CAN）　　前端控制器区域网络（CAN）　　媒体定向系统传输（MOST）
传动系统控制器区域网络（CAN）　　车辆动态控制器区域网络（CAN）　　远程信息处理控制器区域网络（CAN）

图 3 – 2 – 2　奔驰新款 E 级轿车 W121 的整车网络

（奔驰新款 E 级轿车 W212 包含的总线技术有：CAN、LIN、MOST，共有 58 个 ECU）

❊ 3.3　智能 V2X（Vehicle to Everything）系统

中国汽车工业协会对搭载 V2X 功能汽车的定义是：它是搭载先进的车载传感器、控制器、执行器等装置，并融合现代通信与网络技术，实现车与 X（人、车、路、后台等）智能信息的交换共享，具备复杂的环境感知、智能决策、协同控制和执行等功能，可实现安全、舒适、节能、高效行驶，并最终可替代人来操作的新一代汽车。

与自动驾驶技术中常用的摄像头或激光雷达相比，V2X 拥有更广的使用范围，它具有突破视觉死角和跨越遮挡物的信息获取能力，同时可以和其他车辆及设施共享实时驾驶状态信息，还可以通过研判算法产生预测信息。另外，V2X 是唯一不受天气状况影响的车用传感技术，雨、雾或强光照射都不会影响其正常工作。

除了传统智能汽车信息交换共享和环境感知的功能之外，V2X 还强调了"智能决策""协同控制和执行"功能，以强大的后台数据分析、决策、调度服务系统为基础，而且要实现自动驾驶，车辆必须具备感知系统，像人一样能够观察周围的环境，所以除了传感器，V2X 技术也属于自动驾驶的一个感知手段。

作为物联网面向应用的一个概念延伸，V2X 车联网是对 D2D（Device to Device）技术的深入研究。它指的是车辆之间，或者汽车与行人、骑行者以及基础设施之间的通信系统，利用装载在车辆上的无线射频识别技术（RFID）、传感器、摄像头获取车辆行驶情况、系统运行状态及周边道路环境信息，同时借助 GPS 获得车辆位置信息，并通过 D2D 技术将这些信息进行端对端的传输，继而实现在整个车联网系统中信息的共享。通过对这些信息的分析处理，V2X 系统及时对驾驶员进行路况汇报与警告，使其有效避开拥堵路段，选择最佳行驶线路。

V2X 车联网通信主要分为四大类：V2V（Vehicle to Vehicle）、V2R（Vehicle to Road）、V2I（Vehicle to Infrastructure）和 V2P（Vehicle to Pedestrian）（图 3 – 3 – 1），实现车辆与周围交通环境信息在网络上的传输，获得实时路况、道路、行人等一系列交通信息，使车辆能够感知行驶环境、辨识危险、实现智能控制等功能，以提高驾驶安全性、减少拥堵、提高交通效率。

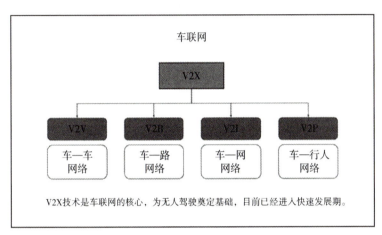

图 3 – 3 – 1　车联网

V2X 满足行车安全、道路和车辆信息管理、智慧城市等需求，是车联网以及智能网联汽车技术核心。

根据互联网数据资讯网（IHS）研究报告显示，到 2020 年，全球 V2X 通信系统产品销量将达 560 万套，到 2025 年预估突破 5 500 万套。在未来 5～10 年，V2X 互联技术进入快速普及期，并在后装市场率先打开局面。

V2X 两大技术标准：DSRC 与 LTE V2X

V2X 通信技术目前有 DSRC 与 LTE V2X 两大路线。DSRC 发展较早，目前已经非常成熟，不过随着 LTE 技术的应用推广，LTE V2X 未来在汽车联网领域也将有广阔的市场空间。

（1）DSRC。车用环境无线存取（WAVE）、专用短程通信（DSRC）是 IEEE 802.11p 底层通信协议与 IEEE 1609 系列标准所构成的技术，采用 5.9GHz 频段，并具备低传输延迟特性，以提供车用环境中短距离通信服务。IEEE 802.11p 解决在高速移动环境中数据的可靠低时延传输问题，IEEE 1609 系列规范对 V2X 通信的系统架构、资源管理、安全机制等进行了阐释。

DSRC 是连接车辆与车辆（V2V）、车辆与路侧装置间的 RF 通用射频通信技术，在车用环境中提供公共安全和中短距离通信服务（图 3 – 3 – 2）。各个国家分配的 DSRC 使用频段各不相同。1999 年，美国联邦通信委员会（FCC）决定将 5.9 GHz（5.850～5.925 GHz）频段分配给汽车通信使用，主要目标是使公共安全应用能够挽救生命并改善交通流量。FCC 还允许在本领域提供私人服务来降低部署成本，并鼓励快速开发和采用 DSRC 技术和应用。

图 3 - 3 - 2　DSRC 技术示意

美国 5.9 GHz DSRC 的频段规划，以 10 MHz 频宽为单位，将 75 MHz 频宽划分成七个频道，并由低频至高频分别给予 172、174、175、178、180、182 与 184 频道编号。频道 178 为控制频道（CCH），剩余的六个频道为服务频道（SCH），其包含两个公共安全专用服务频道（频道 172 为车辆与车辆间公共安全专用服务频道，频道 184 为交叉路口公共安全专用服务频道）、两个中距离公共安全/私用共享服务频道（频道 174 与频道 176），以及两个短距离公共安全/私用共享服务频道（频道 180 与频道 182）。

WAVE/DSRC 所表示的是 IEEE 802.11p 与 IEEE 1609 系列标准所构成的 DSRC 技术，与其他 DSRC 技术相比，具有低传输延迟（0.000 2 s）、高传输距离（1 000 m）与高传输速度（27 Mb/s）等特性。在车辆行驶过程中，驾驶员需要对周围环境的变化做出快速判断。为了提高驾驶安全性，减少交通事故的发生，车辆间的通信时延显得尤为重要。

WAVE/DSRC 技术底层采用 IEEE 802.11p 标准，上层则采用 IEEE 1609 系列标准，与开放系统互联参考模型（OSI Reference Model）相对应，IEEE 802.11p 标准制定实体（PHY）层与资料链结层中的媒介存取控制层（MAC）的通信协定，而媒介存取控制层中的多频道运作（Multi channel Operation）至应用层之通信协定则由 IEEE 1609 各个子标准所规范制定。

IEEE 1609.2 标准规范 WAVE/DSRC 系统中所使用的安全信息格式和处理程序，包括安全 WAVE 管理信息机制与安全应用信息机制，同时也描述了支援核心安全所需的管理功能。WAVE/DSRC 应用中的安全问题往往是最值得关注的，这些应用所提供的服务都必须具有抵御窃听、伪造、修改与重送攻击的能力。

（2）LTE V2X。早在 3G 时代，国际通信业界已经联合整车厂开展了基于移动通信网络的 V2V/V2I 试验项目。启动于 2006 年的 CoCar 项目，参与公司包括爱立信、沃达丰、MAN Trucks、大众等，演示了在高速行驶的车辆之间通过沃达丰的 3G 蜂窝网络传送关键安全告警消息的应用，当时做到了端到端时延低于 500 ms。之后爱立信、沃达丰、宝马、福特又启动了 CoCarX 基于 LTE 网络的紧急消息应用性能评估，端到端系统时延在 100 ms 以下。欧盟于 2012 年资助了 LTEBE – IT 项目，开展了 LTE 演进协议在 ITS 中的应用研究。

LTE V2X 针对车辆应用定义了两种通信方式：集中式（LTE – V – Cell）和分布式（LTE – V – Direct）。集中式也称为蜂窝式，需要基站作为控制中心，集中式定义车辆与路侧通信单元以及基站设备的通信方式；分布式也称为直通式，无须基站作为支撑，在一些文献中也表示为 LTE – Direct（LTE – D）及 LTE D2D（Device – to – Device），分布式定义车辆之间的通信方式（图 3 – 3 – 3）。

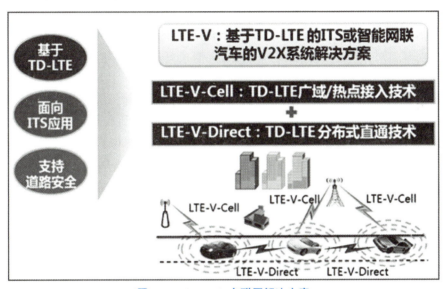

图 3 – 3 – 3   LTE 车联网解决方案

相比 DSRC 技术，LTE V2X 可以解决前者在离路覆盖、营利模式、容量及安全等方面存在的问题。它的部署相对容易，频谱带宽分配灵活，传输可靠，覆盖广，而且随着 3GPP 持续演进，可支持未来 ITS 业务需求。然而，LTE V2X 的缺点也同样突出：标准尚在制定过程中，技术成熟度较低，面向车 – 车主动安全与智能驾驶的服务性能还需要充分的测试验证。

在 2015 年 2 月和 6 月，3GPP 的 SA1 和 RAN1 工作组分别设立了专题"LTE 对 V2X 服务支持的研究"和"基于 LTE 网络技术的 V2X 可行性服务研究"，标志着 LTE V2X 技术标准化研究的正式启动。

3GPP 在 2016 年 9 月已经完成了对其首份蜂窝车联网技术标准的制定工作，并在 3GPP RAN 会议上将其纳入 LTE Release 14 中。它主要聚焦于 V2V（车—车通信），是基于 LTE Release 12 及 LTE Release 13 所规范的邻近通信技术中的 D2D（终端设备间直接通信），但是引入了一种新的 D2D 接口——PC5。作为 3GPP V2V WI 的一部分，PC5 接口主要用于解决高速（最高 250 km/h）及高节点密度（成千上万个节点）环境下的蜂窝车联网通信问题。最新消息是，3GPP 关于所有 LTE V2X 的标准 R14，其中包括应用层、网络层、接入层所有的标准体系都已经完备。

早在 2012—2013 年，大唐电信集团就提出了 LTE – V 解决方案的概念并在其中积极扮演着推手的角色。华为、乐金电子（LGE）与大唐电信集团共同主导了 3GPP 研究，中国通信标准化协会已经在中国针对 LTE V2X 推出了工作项目。

2016 年 11 月，工信部无线电管理委员会批复 5 905～5 925 MHz 总共 20 MHz 用于 LTE – V 直连技术试验验证。批复明确指出，这 20 MHz 频谱作为试验频谱仅用于 LTE V2X 直连技术的试验验证，其中包括功能性测试和不同无线电应用间兼容性试验研究。在第二阶段实验中，工信部先后明确了 3.5 G、4.9 G 频段中的各 200 M 频率，属于 5 G 技术研发试验。

2017 年 9 月中旬，中国智能网联汽车产业创新联盟正式发布《合作式智能交通系统、车用通信系统应用层及应用数据交互标准》。该标准属于中国汽车工程学会的团体标准，是国内第一个针对 V2X 应用层的团体标准，为国内各车企及后装 V2X 产品提供了一个独立于底层通信技术的、面向 V2X 应用的数据交换标准及接口，以便在统一的规范下进行 V2X 应用的开发、测试，对 V2X 大规模路试和产业化具有良好的推动效应。根据中国汽车工程学会的相关资料，车用通信系统通常可以分为系统应用、应用层、传输层、网络层、数据链路层和物理层，该 V2X 标准主要关注应用层及应用层与上下相邻两层的数据交互接口，从应用定义、主要场景、系统基本原理、通信方式、基本性能要求和数据交互需求六个方面，已经制定出了 17 个应用的具体要求，包括通信频率、类型、最大时延、通信距离以及定位精度，详见表 3 – 3 – 1。

表 3 – 3 – 1

分类	应用	通信类型	频率/Hz	最大时延/ms	定位精度/m	通信范围/m	适用通信技术
低时延、高频率	前向碰撞预警	V2V	10	100	1.5	300	LTE – V/DSRC/5G
	盲区预警/变道辅助	V2V	10	100	1.5	150	
	紧急制动预警	V2V	10	100	1.5	150	
	逆向超车碰撞预警	V2V	10	100	1.5	300	
	闯红灯预警	I2V	10	100	1.5	150	
	交叉路口碰撞预警	V2V/I2V	10	100	5.0	150	
	左转辅助	V2V/I2V	10	100	5.0	150	
	高优先级车辆让行/紧急车辆信号优先权	V2V/V2I	10	100	5.0	300	
	弱势交通参与者预警	V2P/I2V	10	100	5.0	150	
	车辆失控预警	V2V	10	100	5.0	300	
	异常车辆提醒	V2V	10	100	5.0	150	
	道路危险状况提示	I2V	10	100	5.0	300	
高时延、低频率	基于信号灯的车速引导	I2V	2	200	1.5	150	4G/LTE – V/DSRC/5G
	限速预警	I2V	1	500	5.0	300	
	车内标牌	I2V	1	500	5.0	150	
	前方拥堵提醒	I2V	1	500	5.0	150	
	智能汽车近场支付	V2I	1	500	5.0	150	

从表 3 – 3 – 1 中可以看出，目前的一期应用主要是提供预警功能，相当于将此前 ADAS

的预警范围利用 V2X 的方式进行了扩大。因为目前国内在通信技术上未有规定，国际标准中也针对不同通信技术各有要求，所以标准支持 LTE V2X、DSRC、5G 三种通信技术，针对高时延低频率类应用，还额外支持 4G 通信。

3GPP - LTE - V 标准研究进展和国际国内标准的推进情况如图 3 - 3 - 4 和图 3 - 3 - 5 所示。

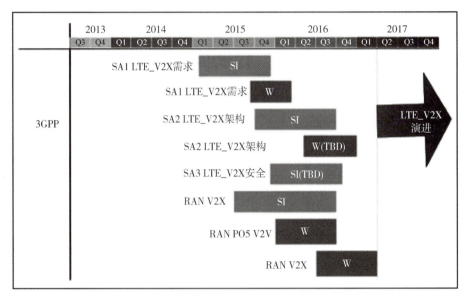

图 3 - 3 - 4　3GPP - LTE - V 标准研究进展

（来源：《智能汽车，决战 2020》）

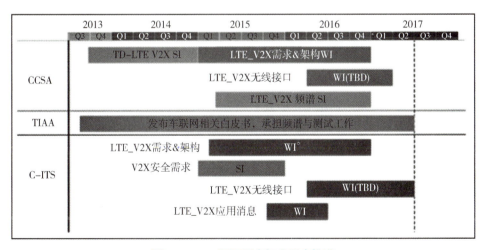

图 3 - 3 - 5　国际国内标准同步推进

（来源：《智能汽车，决战 2020》）

DSRC 相比 V2X 已经有成熟的标准和良好的网络稳定性，但 LTE V2X 作为后起之秀，正有逐步取代并超越 DSRC 的趋势。在可用性方面，DSRC 具有不依赖网络基础设施（比如安全性管理和互联网接入等功能）和自组网的良好特性，所以基于 DSRC 标准的 V2X 网络稳定性强，不会由于传输瓶颈和单点故障的原因导致整个系统无法工作。

而在不包含 ProSe 功能的 LTE 版本中，LTE V2X 需要依赖基础网络设施。在 R12 以后的版本中，由于 LTE 加入了 ProSe 功能后 LTE V2X 功能支持在线和离线两种模式，所以互联网连接不再是必备选项了。另外，由于 DSRC 使用的是不经过协调的信道接入策略，所以这种策略无法满足未来 V2X 对确定性时延的需求，同时 DSRC 的可靠性和容量较 LTE V2X 也要差一些。未来随着无人驾驶和互联网汽车的出现，汽车与互联网相连将成为一种常态。由于 LTE – V 是基于运营商网络建设的，所以 LTE V2X 后续的发展潜力很大。

❄ 3.4 某车型 CAN 总线系统故障案例

大众汽车的 CAN 总线系统设定为驱动系统、舒适系统、信息系统、仪表系统、诊断系统这 5 个局域网，如图 3 – 4 – 1 所示。

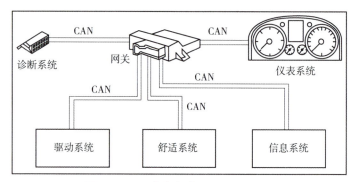

图 3 – 4 – 1 大众汽车 CAN 总线系统

驱动系统 CAN 总线由 15 号线激活，采用双线式数据总线，其传输速率为 500 Kb/s，为高速 CAN 总线。

节点：发动机、自动变速器、ABS、安全气囊、TDI（图 3 – 4 – 2）。

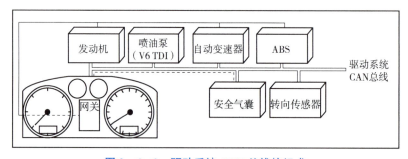

图 3 – 4 – 2 驱动系统 CAN 总线的组成

舒适系统 CAN 总线由 30 号线激活，其传输速率为 100 Kb/s，为低速 CAN 总线。

节点：油箱控制、自动空调控制、左前门、右前门、左后门、右后门、记忆座椅模块、中控门锁单元（图 3 – 4 – 3）。

诊断总线用于诊断仪器和相应控制单元之间的信息交换。诊断总线通过网关转接到相应的 CANBUS 上，然后再连接相应的控制器进行数据交换，如图 3 – 4 – 4 所示。

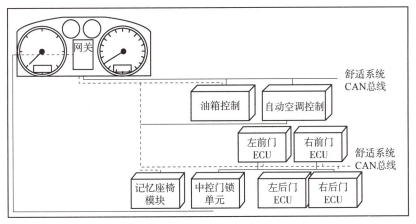

图 3 − 4 − 3　舒适系统 CAN 总线的组成

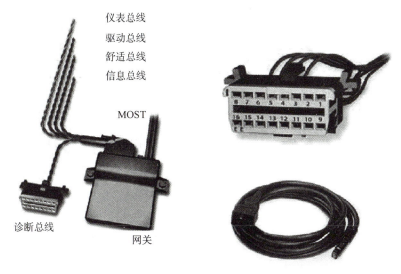

图 3 − 4 − 4　诊断总线

针脚号	对应的线束
1	15 号线
4	接地
5	接地
6	CANBUS（高）
7	K 线
14	CANBUS（低）
15	L 线
16	30 号线

注：未标明的针脚号暂未使用。

大众汽车 CAN 网络典型故障判断

1. CAN – Low 线断路故障，如图 3 – 4 – 5 所示。

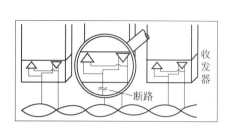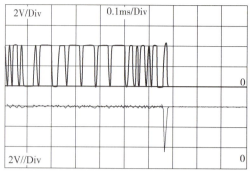

图 3 – 4 – 5　CAN – Low 线断路故障

2. CAN – High 断路故障，如图 3 – 4 – 6 所示。

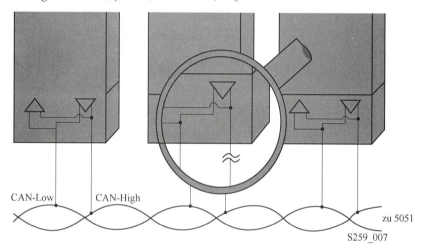

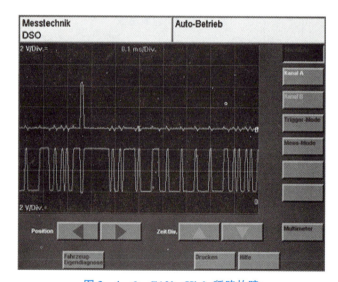

图 3 – 4 – 6　CAN – High 断路故障

3. CAN－Low 与地短接故障，如图 3－4－7 所示。

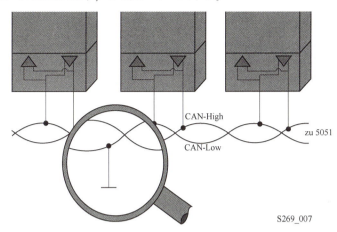

CAN-High
CAN-Low
zu 5051

S269_007

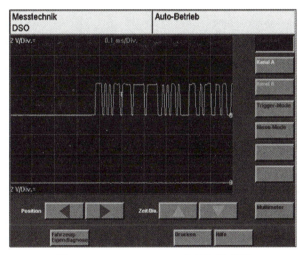

图 3－4－7　CAN－Low 与地短接故障

项目四

辅助驾驶与导航系统

 学习目标

（1）了解辅助驾驶系统拓扑结构；

（2）掌握辅助驾驶系统的发展趋势；

（3）掌握自动驾驶系统的工作原理与导航体系。

✿ 4.1 辅助驾驶系统

辅助驾驶系统包括车道保持辅助系统、自动泊车辅助系统、制动辅助系统、倒车辅助系统和行车辅助系统。

1. 车道保持辅助系统

车道保持辅助系统对驾驶员行驶时保持车道提供支持。它借助一个摄像头识别行驶车道的标志线。

如果车辆接近识别到的标志线并可能脱离行驶车道，那么系统会通过方向盘的振动提请驾驶员注意。

如果车道保持辅助系统识别到本车道两侧的标志线，那么系统处于待命状态，组合仪表盘显示绿色指示灯。

当系统处于待命状态时，如果在跃过标志线前打了转向灯，那么系统就不会有警告，因为系统接受有目的的换道。

由于该系统是为在高速公路和条件良好的乡间公路上行驶而设计的，因此它在车速高于65 km/h 时才开始工作。

2. 自动泊车辅助系统

在众多的汽车配套产品中，与倒车安全有关的配套产品格外引人注目，倒车辅助系统也常常成为高档汽车配置的重要标志之一。

据统计，由于车后盲区所造成的交通事故在中国约占全部交通事故的 30%，美国这一数据为 20%，交管部门建议车主安装多曲率大视野后视镜来减少车后盲区，提高车辆的安全性能，但依旧无法有效降低并控制事故的发生。汽车尾部盲区所潜在的危险，往往会给人们带来生命财产的重大损失以及精神上的严重伤害。对于新手驾驶员而言，每次倒车时更是可以用瞻前顾后、胆战心惊来形容。

现有的汽车倒车辅助产品大致可分为两类：一类是手动类（以传统倒车系统为代表）；另一类是自动类（以智能倒车系统为代表）。传统倒车系统主要以倒车雷达和倒车可视为代表，通过发出警示声音或可视后部情况提醒驾驶员车后情况，使其主动闪避，以减少事故伤害。该产品对于驾驶员而言，主动性较差，虽然能在很大程度上避免车辆对行人的伤害，但是无法顺利有效地完成泊车，极易造成剐蹭或碰撞。

3. 制动辅助系统

制动辅助系统的传感器通过分辨驾驶员踩踏制动踏板的情况，识别并判断是否引入紧急制动程序。由此该系统能立刻建立起最大的制动压力，达到理想的制动效果。

分类：

EBA——电子控制制动辅助系统，英文全称为 Electronic Control Brake Assist System。

BAS——增制动力制动辅助系统，英文全称为 Brake Assist System。

ASR——加速防滑控制系统，英文全称为 Acceleration Skid Control System。

TCS——循迹控制系统，英文全称为 Traction Control System。

4. 倒车辅助系统

倒车辅助系统以图像、声音的直观形式告知驾驶员车与障碍物的相对位置，解除后视镜盲区带来的困扰，从而为驾驶员倒车、泊车提供方便，消除安全隐患。按所使用的传感器不同，倒车辅助系统可分为以下几种。

（1）红外线式。红外线式倒车辅助系统是 20 世纪 80 年代出现的以红外线的发送接收原理制成的倒车辅助系统。它最大的缺点是红外线易受干扰；另外，对深黑色粗糙表面物体的反应不灵敏。更糟糕的是，只要红外线发射器或接收器表面被一层薄薄的冰雪或泥尘覆盖，系统就会失效。

（2）电磁感应式。随后，出现了以电磁感应原理制成的倒车辅助系统。其检测稳定性和灵敏度比红外线式倒车辅助系统提高许多，但也有致命性缺点——它只能动态检测障碍物。也就是说，车辆停止时，系统就不能检测到任何东西，因此实用性也不尽如人意。

（3）超声波式。20 世纪 90 年代，倒车辅助系统终于迎来了技术上的突破，采纳了超声波作为检测媒介。它的各项性能指标与经济性都相当好，所以当今的产品都是基于此项技术开发而来的。

（4）超声波与机器视觉配合式。最新的倒车辅助系统以超声波和机器视觉作为检测手段，全智能泊车。例如，雷克萨斯 LS460L 是首款进入国内拥有智能泊车辅助系统的车型，它使用超声波传感器检测障碍物，并能结合摄像头自动识别停车线。当汽车自动检测好停车位置和距离时，只要驾驶员按下确认键，该系统就会自动泊车。故又称为自动倒车辅助系统。

5. 行车辅助系统

（1）超强防抖摄像，影像更清晰。为满足本机移动工况的要求，机内所有硬件与接插件均采用防振和加固处理。专业抗振结构设计，对机器提供超强的缓冲和抗振性保护，结合电子抗振及软件抗振技术，有效解决车辆的冲击和振动问题。

（2）视频采用修正式 MJPEG + 压缩格式，高清晰，支持 30FPS 录影速度。视频文件可以通过连接 DVD、导航仪、独立显示器实时显示。

（3）支持四路同步录像、录音、存储、放影与实时显示功能。

（4）行驶过程中，操控方便，可以根据行使状态，自动切换所需要的画面，（如车右转时，LCD 显示图像只显示右侧摄像头录取的画面），也可以强制切换画面。

（5）采用电池供电或车载供电，采用先进技术处理，实现了低功耗。

（6）具备按照日期、时间快速查找、搜索、播放功能。

（7）利用本机 USB 接口备份，通过计算机 USB 接口进行播放、备份或取证。

（8）安装方便，超小型化设计，只有一个香烟合大小，最适合轿车使用。

（9）支持快速的录像资料备份，支持常规 SD 卡。

6. 博世辅助驾驶系统

博世辅助驾驶系统（ADAS）的摄像系统 MPC2 由金属外壳来保护成像模块和电子器件。成像模块和 PCB 相连。后方的两个螺钉固定成像模块和散热器片，底部的四颗螺钉固定摄像头外壳、地板及静电防护弹簧。博世 MPC2 为制造商提供了一种可扩展的单目摄像头平台，所有 MPC2 型号均基于可扩展处理器概念，可以根据所需功能的级别对系统进行优化配置。这意味着整个系列均采用统一的博世架构，具有标准化的接口和功能。

MPC2 的成像模组由光学系统和一个分辨率为 1280 像素×960 像素的高动态彩色 CMOS（互补金属氧化物半导体）成像器组成。由于提高了分辨率，新的成像器具有比前代更大的开度角，并显著增大了物体探测距离，探测距离现已超过 120 m。彩色成像器使 MPC2 能够对蓝色和红色信息进行评估，改善了系统识别和区分彩色标志线及特殊道路标志的能力。多功能摄像头安装在挡风玻璃后面靠近车内后视镜处。

MPC2 光学器件将入射光聚焦至高动态的 CMOS 彩色成像器上。传感器将亮度和颜色信息转化为电图像信号。这些信号随后由集成于摄像头内的高性能处理器进行处理，无须额外的控制器。系统对图像进行处理，并以高度的精确性和可靠性对车辆周围的各种环境因素（包括行人、车辆、道路标线、光源和道路标志等物体）进行识别、分类和定位。

博世为汽车行业应用而开发的智能、强大的图像处理算法是所有先进驾驶员辅助功能的核心。为确保在其系统内的多功能运算，博世设计和优化了这些算法，在内存、运行时间和硬件需求最小化的同时提供最佳性能。

1）物体探测

MPC2 基于预定义的物体类别探测物体，经过训练的系统能够区分行人、骑自行车的人、摩托车、乘用车和卡车。被探测的物体附有距离、速度、横向定位、角度及碰撞时间（必要时）等属性。探测距离与物体的大小有关，车辆的可探测距离超过 120 m，行人的可探测距离约为 60 m。行人探测功能是按照 ISO 26262 风险等级 ASIL A（汽车安全完整性等级 A）而开发的。

2）车道探测

无论道路标志线是连续的、不连续的、白色、黄色、红色还是蓝色的，MPC2 所用的车道探测算法会对前方约 60 m（能见度极佳条件下可达 100 m）以内的所有常见车道标志线进行记录和分类。摄像头甚至还可以探测博茨圆点（凸起型道路标志线）。系统不仅能够探测道路标志线的横向几何结构，还可记录表面坡度，以跟循上、下坡度的路面轨迹。如果不存在明显的道路标志线，系统会提取附属的信息，如路边的草地边缘，以决定行车道如何延续。

算法能够十分精确地确定车辆在车道中的横向位置和角度，这一点对于车道偏离警告或车道保持/车道引导支持等功能具有十分重要的意义。即使道路标志线暂时消失或某个路段上没有标志线，使用这种车道探测算法的车道辅助功能仍能完全发挥作用，并能随时提供支持。

3）光源探测

除物体探测外，MPC2 还可在黎明、黄昏或黑暗条件下识别并区分单个、成对和成组的光源。该算法测量光源的水平和垂直角位置与距离，区别前照灯和尾灯，区分光源是来自迎面来车，还是前方同向行驶的车辆。它还能探测和区分道路基础设施，例如路灯和反光标志。利用这些数据，并结合环境光线信息，该算法将评估车辆是否在市内行驶，从而决定是否开启远光灯。

迎面来车前照灯的探测和分辨距离可达 800 m，前方车辆尾灯的可探测距离约为 400 m。MPC2 能够提供一系列智能照明功能，实现了包括远光灯控制、自适应远光灯控制和连续远光灯控制等系统在内的基于现代前照灯技术的高级功能。

4）道路标志识别

MPC2 能够探测和区分圆形、三角形和矩形道路标志，包括限速路段或禁行路段的起点和终点。同时，它还能识别"禁止驶入""停车""可通行""道路施工"等标志。MPC2 还能区分时段限制、仅针对特定车辆类型的标志及转向箭头等相关辅助标志。系统能可靠地探测到道路标志，无论是实际的标牌、可变信息牌系统还是龙门架上的标牌，对国际上各种不同类型的道路标志牌均有极高的覆盖。

吉利在 2014 年跟博世合作，使得第一款搭载 ADAS 系统的车型在中国成功实现了量产（图 4 - 1 - 1），基于雷达、摄像头的横向纵向组合控制功能都已经实现。博世首款车规级长距离激光雷达已经进入量产开发阶段。该款激光雷达产品可同时覆盖长距离和短距离探测（图 4 - 1 - 2），适用于高速公路和城市道路的自动驾驶场景。据悉，博世希望通过规模化量产，直接降低激光雷达成本，从而促进市场推广。

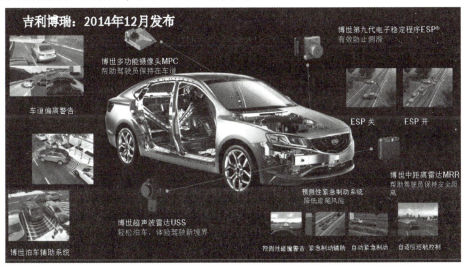

图 4 - 1 - 1　博世首个驾驶员辅助系统在吉利汽车量产（中国）

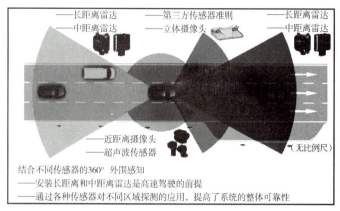

图 4 - 1 - 2　车身周边传感器的设计理念

在 2020 年中国电动汽车百人会论坛上，博世底盘控制系统中国区高级副总裁蒋京芳分享了博世在中国自动驾驶的商业化进展。自 2018 年至今，博世 L2 级 ADAS（高级驾驶辅助）已经在 30 多款车型上实现量产，可变道的 L2 + 级辅助驾驶已成为新的焦点。此外，博世全自动泊车辅助（APA）也在 20 款量产车上搭载应用，遥控泊车辅助（RPA）于 2020 年开始量产。

在 2020 年下半年或者 2021 年年初，博世汽车将在国内市场首推 L3 级别、无须驾驶员控制的交通拥堵辅助功能的车型。我们预计在 2022 年以后，在中国实现并落地更高等级的、配备高速公路引导功能的车型。

❊ 4.2　自动驾驶系统

汽车自动驾驶系统（Motor Vehicle Auto Driving System），又称自动驾驶汽车（Autonomous Vehicles；Self-piloting Automobile），也称无人驾驶汽车、计算机驾驶汽车或轮式移动机器人，是一种通过车载计算机系统实现无人驾驶的智能汽车系统（图 4 - 2 - 1）。自动驾驶汽车技术的研发，在 20 世纪末已经有数十年的历史，于 21 世纪初呈现出接近实用化的趋势，比如，谷歌自动驾驶汽车于 2012 年 5 月获得了美国首个自动驾驶车辆许可证，于2015—2017 年进入市场销售。

汽车自动驾驶技术包括视频摄像头、雷达传感器以及激光测距器，用来了解周围的交通状况，并通过一个详尽的地图（通过有人驾驶汽车采集的地图）对前方的道路进行导航。这一切都通过谷歌的数据中心来实现，谷歌的数据中心能处理汽车收集的有关周围地形的大量信息。就这点而言，自动驾驶汽车相当于谷歌数据中心的遥控汽车或者智能汽车。汽车自动驾驶技术属于物联网技术应用之一。

以沃尔沃公司为例，其根据自动化水平的高低区分了四个无人驾驶的阶段：驾驶辅助、部分自动化、高度自动化、完全自动化。

驾驶辅助系统（DAS）：目的是为驾驶员提供协助，包括提供重要或有益的驾驶相关信息，以及在形势开始变得危急的时候发出明确而简洁的警告，如"车道偏离警告"（LDW）系统等。

部分自动化系统：在驾驶员收到警告却未能及时采取相应行动时能够自动进行干预的系统，如"自动紧急制动"（AEB）系统和"应急车道辅助"（ELA）系统等。

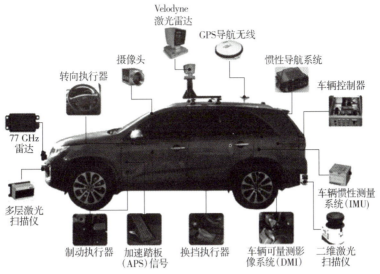

图 4 – 2 – 1　汽车自动驾驶系统

高度自动化系统：能够在或长或短的时间段内代替驾驶员承担操控车辆的职责，但是仍需驾驶员对驾驶活动进行监控的系统。

完全自动化系统：可无人驾驶车辆、允许车内所有乘员从事其他活动且无须进行监控的系统。这种自动化水平允许乘员从事计算机工作、休息和睡眠以及其他娱乐活动。

1. 自动驾驶系统结构

自动驾驶汽车使用视频摄像头、雷达传感器以及激光测距器来了解周围的交通状况，并通过一个详尽的地图（通过有人驾驶汽车采集的地图）对前方的道路进行导航（图 4 – 2 – 2）。

图 4 – 2 – 2　工作中的自动驾驶系统

1）激光雷达

车顶的"水桶"形装置是自动驾驶汽车的激光雷达，它能对半径 60 m 的周围环境进行扫描，并将结果以 3D 地图的方式呈现出来，给予计算机最初步的判断依据。

2）前置摄像头

自动驾驶汽车前置摄像头用于识别交通信号灯，并在车载计算机的辅助下辨别移动的物体，比如前方车辆、自行车或是行人。

3）左后轮传感器

很多人第一眼会觉得这个像是方向控制设备，而事实上这是自动驾驶汽车的位置传感器，它通过测定汽车的横向移动来帮助计算机给汽车定位，确定它在马路上的准确位置。

4）前后雷达

自动驾车汽车上安装了 4 个雷达传感器（前方 3 个，后方 1 个），用于测量汽车与前（和前置摄像头一同配合测量）后左右各个物体间的距离。

5）主控计算机

自动驾驶汽车最重要的主控计算机被安排在后车厢，这里除了用于运算的计算机外，还有拓普康（拓普康是日本一家负责工业测距和医疗器械的厂商）的测距信息综合器，这套核心装备将负责汽车的行驶路线、方式的判断和执行。

2. 发展历程

在自动驾驶汽车研究方面，非汽车厂商表现抢眼，以谷歌自动驾驶汽车（图 4 - 2 - 3）为例，在 2010 年，谷歌公司在官方博客中宣布，正在开发自动驾驶系统。到目前为止，谷歌已经申请和获得了多项相关专利，其无人驾驶汽车于 2012 年获得牌照上路，总驾驶里程已经超过了 483 000 km，并且几乎零事故发生率。谷歌自动驾驶汽车外部装置的核心是位于车顶的 64 束激光测距仪，能够提供 200 ft①以内精细的 3D 地图数据，无人驾驶汽车会把激光测到的数据和高分辨率的地图相结合，做出不同类型的数据模型以便在自动驾驶过程中躲避障碍物和遵循交通法规。安装在前挡风玻璃上的摄像头用于发现障碍物、识别街道标识和交通信号灯。GPS 模块、惯性测量单元以及车轮角度编码器用于监测汽车的位置并保证车辆行驶路线。汽车前、后保险杠内安装有 4 个雷达传感器（前方 3 个，后方 1 个），用于测量汽车与前（和前置摄像头一同配合测量）后左右各个物体间的距离。在行进过程中，用导航系统输入路线，当汽车进入未知区域或者需要更新地图时，汽车会以无线方式与谷歌数据中心通信，并使用感应器不断收集地图数据，将其储存于中央系统。汽车行驶得越多，智能化水平就越高。

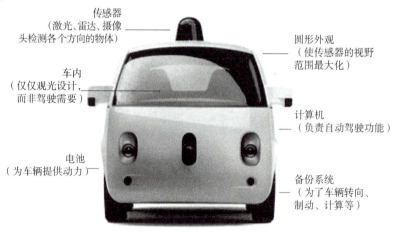

图 4 - 2 - 3 谷歌自动驾驶汽车

---

① 1 ft = 0.304 8 m。

奥迪自动驾驶系统使用两个雷达探头、八个超声波探头和一个广视角摄像机，可以在设定的时间内，按照导航系统提供的信息，在最高 60km/h 的速度以下自主转向、加速和制动，实现完全的自主驾驶。搭载奥迪自动驾驶系统的车型可以在交通拥挤的城市中起停自如，转向操作也十分灵活。在高速行驶中，它能够及时根据前方车距来调整自己的速度。当前方出现险情时，奥迪自动驾驶车型能够及时制动。

德国汉堡 IBEO 公司早在 2007 年开发了无人驾驶汽车。在行驶过程中，车内安装的全球定位仪将随时获取汽车所在准确方位。隐藏在前照灯和尾灯附近的激光雷达随时"观察"汽车周围 200 码（约 183 m）内的道路状况，并通过全球定位仪路面导航系统构建三维道路模型。它能识别各种交通标识，保证汽车在遵守交通规则的前提下安全行驶，安装在汽车行李舱内的计算机将汇总、分析两组数据，并根据结果向汽车传达相应的行驶命令。

国内从 20 世纪 80 年代开始着手自动驾驶系统的研制开发，虽与国外相比还有一些距离，但目前也取得了阶段性成果。国防科技大学、北京理工大学、清华大学、同济大学、上海交通大学、吉林大学等都有过无人驾驶汽车的研究项目。国防科技大学和中国一汽联合研发的红旗无人驾驶轿车高速公路试验成功。同济大学汽车学院建立了无人驾驶车研究平台，实现了环境感知、全局路径规划、局部路径规划及底盘控制等功能的集成，从而使自动驾驶车具备自主"思考－行动"的能力，使无人驾驶车能完成融入交通流、避障、自适应巡航、紧急停车（适用于行人横穿马路等工况）、车道保持等无人驾驶功能。另外，为了促进自动驾驶系统技术创新，中国"未来挑战"无人驾驶车比赛受到更多的重视，它对车的性能要求不断提高，包括更为实际的模拟环境和更加复杂的控制要求等。

3. 自动驾驶分类

自动驾驶根据不同的分类方法，可分为 L0～L4 或 L0～L5 级。

根据美国公路交通安全管理局 NHTSA 的分类，自动驾驶分为 5 个级别：L0～L4 级。

L0：无自动化

没有任何自动驾驶功能、技术，驾驶员对汽车所有功能拥有绝对控制权。驾驶员需要负责起动、制动、操作和观察道路状况。

碰撞预警、车道偏离预警、自动刮水器、自动前照灯控制也属于此阶段。

L1：单一功能级自动化

驾驶员仍然对行车安全负责，不过可以放弃部分控制权给系统管理，某些功能已经自动进行，比如常见的自适应巡航（AAC）、应急制动辅助（EBA）、车道保持（LKS），不过只是单一功能，驾驶员无法做到手和脚同时不操控。

L2：部分自动化

驾驶员和汽车分享控制权，驾驶员在某些环境中可以不操作汽车，即手脚同时脱离控制。但是驾驶员仍然需要随时待命，对驾驶负责，准备接管汽车。比如：ACC 和 LKS 组合跟车。重点是：驾驶员不再是主要操作者。

L3：有条件自动化

在有限情况实现自动控制，汽车自动驾驶负责整个车辆的控制，但是遇见紧急情况，驾驶员仍然需要接管汽车，且有足够预警时间。这一等级已经做到解放驾驶员，使其对行车安全不再负责，不必监视道路状况，比如在高速和人流量较少的城市路段。

L4：完全自动化

行车可以没有人乘坐，汽车负责安全，并完全不依赖于驾驶员干涉。

将自动驾驶分为 4 级和 5 级的两种方法对比见表 4 – 2 – 1。

表 4 – 2 – 1　自动驾驶分级对比

项目	ADAS			自动驾驶		
NHTSA	L0	L1	L2	L3	L4	
SAE	L0	L1	L2	L3	L4	L5
	无自动化	单一功能级自动化	部分自动化	有条件自动化	高度自动化	完全自动化
功能	夜视； 行人检测； 交通标志标识； 盲点检测； 并线辅助； 后排路口交通警报； 车道偏离警报	自适应巡航驾驶系统； 自动紧急制动； 停车辅助系统； 前向碰撞预警系统； 车身电子稳定系统	车道保持系统	拥挤辅助驾驶	停车场自动泊车	
特征	传感探测和决策警报	单一功能（以上之一）	组合功能（L1/L2 组合）	特定条件部分任务	特定条件全部任务	全部条件全部任务

✳ 4.3　导航体系

全球卫星导航系统（Global Navigation Satellite System），也称为全球导航卫星系统，是能在地球表面或近地空间的任何地点为用户提供全天候的三维坐标、速度以及时间信息的空基无线电导航定位系统。

常见的导航系统有 GPS、BDS、GLONASS 和 GALILEO 四大卫星导航系统。最早出现的是美国的 GPS（Global Positioning System）系统，现阶段技术最完善的也是 GPS 系统。近年来 BDS、GLONASS 系统在亚太地区全面服务开启，尤其是 BDS 系统在民用领域发展得越来越快。卫星导航系统已经在航空、航海、通信、人员跟踪、消费娱乐、测绘、授时、车辆监控管理和汽车导航与信息服务等方面广泛使用，而且总的发展趋势是为实时应用提供高精度服务。

GPS 还应用在精细农业、科学研究（野外生物学、气象学、地球科学）、环境监测、突发事件和灾害评估、安全保障、天体与建筑工程和自然资源分析的定位等方面。卫星导航系统为人类带来了巨大的社会和经济效益。

1. GPS 系统

GPS 系统是美国从 20 世纪 70 年代开始研制的全球卫星导航系统，主要目的是为陆、海、空三大领域提供实时、全天候和全球性的导航服务，并用于情报收集、核爆监测和应急通信等一些军事目的，经过 20 余年的研究实验、耗资 300 亿美元，到 1994 年，全球覆盖率高达 98% 的 24 颗 GPS 卫星星座已布设完成。

GPS 利用导航卫星进行测时和测距，具有在陆、海、空全方位实时三维导航与定位的能力。它是继阿波罗登月计划、航天飞机后的美国第三大航天工程。如今，GPS 已经成为当今世界上最实用，也是应用最广泛的全球精密导航、指挥和调度系统。

GPS 全球定位系统原本是美国为军事目的而建立的。1983 年一架民用飞机在空中因被误认为是敌军飞机而遭击落后，美国承诺 GPS 免费开放供民间使用。美国为军用和民用安排了不同的频段，并分别广播了 P 码和 C/A 码两种不同精度的位置信息。美国军用 GPS 精度可达 1 m，而民用 GPS 理论精度只有 10 m 左右。美国在 90 年代中期为了自身的安全考虑，在民用卫星信号上加入了 SA（Selective Availability）进行人为扰码，这使得一般民用 GPS 接收机的精度只有 100m 左右。2000 年 5 月 2 日，SA 干扰被取消，全球的民用 GPS 接收机的定位精度在一夜之间提高了许多，大部分的情况下可以获得 10m 左右的定位精度。美国之所以停止执行 SA 政策，是由于美国军方已开发出新技术，可以随时降低对美国存在威胁地区的民用 GPS 精度，所以这种高精度的 GPS 技术才得以向全球免费开放使用。

受应用需求的刺激，民用 GPS 技术蓬勃发展，出现了 DGPS（差分 GPS）、WAAS（地面广播站型态的修正技术）等技术，进一步提高了民用 GPS 的应用精度。2005 年，美国开始发射新一代 GPS 卫星，开始提供第二个民用波段。未来还将提供第三个、第四个民用波段。随着可用波段的增加和新卫星的陆续使用，GPS 定位系统的精度和稳定性都比过去更理想，这必将大大拓展 GPS 应用与消费需求。此外，新卫星也提供更优秀的军用支持能力，当然这只对美国军方及其盟友有益。

GPS 系统由空间部分、控制部分和用户部分组成。

（1）空间部分。GPS 的空间部分由 24 颗卫星组成，其中 21 颗工作卫星，3 颗备用卫星。它位于距地表 20 200 km 的上空，运行周期为 12 h。卫星均匀分布在 6 个轨道面上，轨道倾角为 55°。卫星的分布使得在全球任何地区、任何时间都可观测到 4 颗以上的卫星，并能在卫星中预存导航信息。GPS 的卫星因为大气摩擦等问题，随着时间的推移，导航精度会逐渐降低。

（2）控制部分。地面控制系统由监测站、主控制站、地面天线组成，主控制站位于美国科罗拉多州春田市。地面控制站负责收集由卫星传回的讯息，并计算卫星星历、相对距离、大气校正等数据。

（3）用户部分。

GPS 用户部分包括 GPS 接收机和用户团体。联邦无线电导航计划中规定的 GPS 定位服务包括精密定位服务（PPS）和标准定位服务（SPS）。

PPS：授权的精密定位系统用户需要密码设备和特殊的接收机，包括美国军队、某些政府机构以及批准的民用用户。

SPS：对于普通民用用户，美国政府对于定位精度实施控制，仅提供 SPS 服务。SPS 服务可供全世界用户免费、无限制地使用。

GPS 设备成本：GPS 接收机的价格差异很大，一般取决于接收机的功能。小型民用 SPS 接收机的价格不足 200 美元。

2. 北斗卫星导航系统

北斗卫星导航系统是中国自行研制的全球卫星定位与通信系统，是继美国 GPS（全球定位系统）和俄国 GLONASS 之后第三个成熟的卫星导航系统。系统由空间端、地面端和用户端组成，可在全球范围内全天候、全天时为各类用户提供高精度、高可靠的定位、导航、授时服务，并具有短报文通信能力，已经初步具备区域导航、定位和授时能力，定位精度优于20 m。

中国北斗导航系统，将主要用于国家经济建设，为中国的交通运输、气象、石油、海洋、森林防火、灾害预报、通信、公安以及其他特殊行业提供高效的导航定位服务。建设中的中国北斗导航系统空间段计划由 5 颗静止轨道卫星和 30 颗非静止轨道卫星组成，提供两种服务方式，即开放服务和授权服务。中国将陆续发射系列北斗导航卫星，将其逐步扩展为全球卫星导航系统。

2003 年 5 月 25 日，我国成功地将第三颗"北斗一号"导航定位卫星送入太空。前两颗"北斗一号"卫星分别于 2000 年 10 月 31 日和 12 月 21 日发射升空，第三颗发射的是导航定位系统的备份星，它与前两颗"北斗一号"工作星组成了完整的卫星导航定位系统，确保全天候、全天时提供卫星导航信息。这标志着我国成为继美国（GPS）和俄国（GLONASS）后，第三个在世界上建立了完善的卫星导航系统的国家。

我国的"北斗一号"卫星导航系统是一种"双星快速定位系统"。突出特点是构成系统的空间卫星数目少、用户终端设备简单、一切复杂性均集中于地面中心处理站。"北斗一号"卫星定位系统是利用地球同步卫星为用户提供快速定位、简短数字报文通信和授时服务的一种全天候、区域性的卫星定位系统。

北斗卫星导航系统的建设与发展，以应用推广和产业发展为根本目标，建设过程中主要遵循以下原则：

（1）开放性：北斗卫星导航系统的建设、发展和应用将对全世界开放，为全球用户提供高质量的免费服务，积极与世界各国开展广泛而深入的交流与合作，促进各卫星导航系统间的兼容与互操作，推动卫星导航技术与产业的发展。

（2）自主性：中国将自主建设和运行北斗卫星导航系统，北斗卫星导航系统可独立为全球用户提供服务。

（3）兼容性：在全球卫星导航系统国际委员会和国际电联框架下，使北斗卫星导航系统与世界各导航系统实现兼容与互操作，使所有用户都能享受到卫星导航发展的成就。

（4）渐进性：中国将积极稳妥地推进北斗卫星导航系统的建设与发展，不断完善服务质量，并实现各阶段的无缝衔接。

北斗卫星导航系统的主要功能是：

（1）快速定位：快速确定用户所在地的地理位置，向用户及主管部门提供导航信息。

（2）简短通讯：用户与用户、用户与中心控制系统间均可实现双向短数字报文通信。

（3）精密授时：中心控制系统定时播发授时信息，为定时用户提供时延修正值。

"北斗一号"的覆盖范围是北纬 5°~55°、东经 70°~140° 的心脏地区，上大下小，最宽处在北纬 35° 左右；其定位精度为水平精度 100 m，设立标校站之后为 20 m（类似差分状态）；其工作频率是 2 491.75 MHz。系统能容纳的用户数为每小时 540 000 户。

2007 年 2 月 3 日零时 28 分，我国在西昌卫星发射中心用"长征三号甲"运载火箭，成功将北斗导航试验卫星送入太空。这是我国发射的第四颗北斗导航试验卫星，拉开了建设"北斗二号"卫星导航系统的序幕。2007 年 4 月 14 日，我国又成功将第五颗"北斗"导航卫星送入太空。

"北斗"导航卫星系统是世界上第一个区域性卫星导航系统，可全天候、全天时提供卫星导航信息。与其他全球性的导航系统相比，它能够在很快的时间内建成，用较少的经费建成并集中服务于核心区域，是十分符合我国国情的一个卫星导航系统。"北斗"导航定位卫星工程投资少，周期短；将导航定位、双向数据通信、精密授时结合在一起，因而有独特的优越性。

"北斗"卫星导航系统除了在我国国家安全领域发挥重大作用外，还将服务于国家经济建设，提供监控救援、信息采集、精确授时和导航通信等服务；可广泛应用于船舶运输、公路交通、铁路运输、海上作业、渔业生产、水文测报、森林防火、环境监测等众多行业。

北斗卫星导航系统正按照"三步走"的发展战略稳步推进。第一步，在 2000 年建成北斗卫星导航试验系统，使中国成为世界上第三个拥有自主卫星导航系统的国家。第二步，建设北斗卫星导航系统，在 2012 年左右形成覆盖亚太大部分地区的服务能力。第三步，在 2020 年左右，北斗卫星导航系统将形成全球覆盖能力。

3. GLONASS 系统

"格洛纳斯"（GLONASS）是苏联从 80 年代初开始建设的、与美国 GPS 系统相类似的卫星定位系统，覆盖范围包括全部地球表面和近地空间，也由卫星星座、地面监测控制站和用户设备三部分组成。虽然"格洛纳斯"系统的第一颗卫星早在 1982 年就已发射成功，但受苏联解体影响，整个系统发展缓慢。直到 1995 年，俄罗斯耗资 30 多亿美元，才完成了 GLONASS 导航卫星星座的组网工作。此卫星网络由俄罗斯国防部控制。

GLONASS 系统由 24 颗卫星组成，原理和方案都与 GPS 类似。不过，其 24 颗卫星分布在 3 个轨道平面上，这 3 个轨道平面两两相隔 120°，同平面内的卫星之间相隔 45°。每颗卫星都在 19 100 km 高、64.8° 倾角的轨道上运行，轨道周期为 11 h 15 min。地面控制部分全部在俄罗斯领土境内。俄罗斯自称，多功能的 GLONASS 系统定位精度可达 1 m，速度误差仅为 15 cm/s。如果需要，该系统还可用来为精确打击武器制导。

俄罗斯对 GLONASS 系统采用了军民合用、不加密的开放政策。GLONASS 一开始就没有加 SA 干扰，所以其民用精度优于加 SA 的 GPS。不过，GLONASS 应用普及情况则远不及 GPS，这主要是因为俄罗斯并没有开发民用市场。另外，GLONASS 卫星平均在轨寿命较短，由于俄罗斯航天局经费困难、无力补网，所以轨道卫星不能独立组网，只能与 GPS 联合使用，致使实用精度大大下降。

4. Galileo 系统

总投资达 35 亿欧元的"伽利略"（Galileo）计划是欧洲自主的、独立的民用全球卫星定位系统，提供高精度、高可靠性的定位服务，实现完全非军方控制、管理，可以进行覆盖全球的导航和定位功能。

欧盟发展"伽利略"卫星定位系统可以减少欧洲对美国军事和技术的依赖，打破美国对卫星导航市场的垄断。法国总统希拉克曾表示，没有"伽利略"计划，欧洲"将不可避免地成为附庸，首先是科学和技术，其次是工业和经济"。它是第一个民用的全球卫星导航定位系统，其配置、频率分布、信号设计、安全保障及其多层次、多方位的导航定位服务特点，使得它的性能比 GPS 系统更为先进、高效和可靠；它保障了全球完整性的监控、航空和航海的安全以及服务的不间断，特别是提供了公开、生命安全、商业、官方控制的搜救服务，极大地满足了全球各类用户的需求。预计其应用市场和效益十分巨大。

项目五

防盗与信息服务系统

 学习目标

（1）了解防盗系统与智能进入系统结构；
（2）掌握防盗系统结构、智能进入系统电路和典型故障排除。

✿ 5.1 防盗与智能进入系统

　　汽车防盗系统，是指防止汽车本身或车上的物品被盗所设的系统。它由电子控制的遥控器或钥匙、电子控制电路、报警装置和执行机构等组成。最早的汽车门锁是机械式门锁，只是用于汽车行驶时防止车门自动打开而发生意外，只起行车安全作用，不起防盗作用。随着社会的进步、科学技术的发展和汽车保有量的不断增加，后来制造的轿车、货车车门都安装了带钥匙的门锁。这种门锁只控制一个车门，其他车门是靠车内门上的门锁按钮进行开启或锁止的。

　　为了更好地发挥防盗作用，有的车上还装有一个转向锁。转向锁是用来锁止汽车转向轴的。转向锁与点火锁设在一起，安装在方向盘下。它利用钥匙来控制，即点火锁切断点火电路使发动机熄火后，将点火钥匙再左旋至极限位置的挡位，锁舌就会伸出嵌入转向轴槽内，将汽车转向轴机械性地锁止。即使有人将车门非法打开并起动发动机，由于方向盘被锁止，汽车不能实现转向，故不能将汽车开走，于是起到了汽车的防盗作用。有的汽车设计和制造时就没有转向锁，而是用另外一个所谓的拐杖锁锁止方向盘，使方向盘不能转动，也可起到防盗作用。有的汽车在变速器上设有机械锁，将变速器操纵杆锁止，使盗窃者不能挂挡，不能移动汽车。点火开关是用来接通或断开发动机点火系统电路的，根据一把钥匙开一把锁的道理，也起到了一定的防盗作用。由于汽车技术不断发展，多数轿车上都安装了中央门锁，即汽车上的车门门锁和行李舱锁实现了集中控制。

　　汽车防盗器就是一种安装在车上，用来增加盗车难度、延长盗车时间的装置，是汽车的保护神。它通过将防盗器与汽车电路配接在一起，达到防止车辆被盗、被侵犯，保护汽车并实现防盗器各种功能的目的。随着科学技术的进步，为对付不断升级的盗车手段，人们研制出各种方式、不同结构的防盗器,这些防盗器按其结构可分为四大类:机械式、芯片式、电子式和网络式。

1. 各国钥匙防盗技术

(1)美国的钥匙防盗技术。美国得克萨斯仪器公司下属的一家子公司利用无线电射频技术,研制成功一种"车辆固定系统",将射频发射应答器嵌入汽车钥匙中,应答器内存有与特定车辆相吻合的特别识别码。当钥匙插入电源开关并转动时,就会在转发器和识别器之间引发一种无线电信号,如果钥匙中的识别码与汽车内的编码一致,汽车就可以发动起来。否则,识别码就不会接通电源,从而锁定点火系统和供油系统,使汽车无法起动。该技术已被福特汽车公司所采用。

(2)德国的变密码防盗技术。德国梅赛德斯 – 奔驰公司于 1994 年 12 月 1 日开始生产首批绝对防盗豪华轿车。这种汽车通过"电子开门钥匙"红外线遥控器发射出肉眼看不见的多次变换密码的光信号及接收这种信号的特种传感器来防盗。它由微型计算机与发动机的电子控制单元(ECU)相联。当车门锁闭时,它能切断全部功能。这种防盗装置之所以能绝对防盗,就在于密码的随时变换,只有与之相应的遥控器才能使用和识别密码。

(3)澳大利亚的电子追踪防盗技术。澳大利亚一家公司发明的电子追踪防盗技术是示踪标识和追踪雷达系统的结合,能在 14 m 之内对行驶的汽车进行监视和识别。每个标识都有一个硅集成电路和发射装置。标识可跟踪车主要求的密码电波,出厂时装在车内。追踪雷达系统则装在道路口的交通信号灯上,接收和识别每一辆驶过车辆的密码电波,警察据此扣留被盗车辆。

(4)中国的全方位遥控防盗技术。吉林省通化市一青年发明家研制成功一种 DF – 816型汽车防盗器,适用于各种大小汽车,具有全车体、全方位防盗、自动防盗报警和锁定功能。除车主之外,任何人想开动或撬、拆、击打汽车,盗窃轮胎或车上货物,都会发出不小于 1 200 dB 的强力报警声。其遥控器可像 BP 机那样随身携带。

(5)法国的代码防盗技术。法国雪铁龙和标致汽车公司研制成功一种用代码防止汽车起动的装置。该装置很有效又有约束性,因为每次起动汽车前,必须输入代码才行。这一技术已为新型雷诺轿车采用。

2. 电子防盗系统

汽车防盗器已由初期的机械控制发展成为钥匙控制—电子密码—遥控呼救—信息报警的汽车防盗系统,由以前单纯的机械钥匙防盗技术走向电子防盗、生物特征式电子防盗。电子防盗系统主要由电子控制的遥控器或钥匙、电子控制电路、报警装置和执行机构等组成。电子防盗系统的类型主要有:

(1)钥匙控制式。通过用钥匙将门锁打开或锁止,同时将防盗系统设置或解除。

(2)遥控式。防盗系统能够远距离控制门锁打开或锁止,也就是远距离控制汽车防盗系统的防盗或解除。

(3)报警式。防盗系统遇有汽车被盗窃时,只是报警但无防止汽车移动的功能。

(4)具有防盗报警和防止车辆移动式的防盗系统。当遇有窃车时,除音响信号报警外,还要切断汽车的起动电路、点火电路或油路等,起到防止汽车移动的作用。

(5)电子跟踪防盗系统。该系统分为卫星定位系统(简称 GPS)和利用对讲机通过中央控制中心定位的监控系统。

电子跟踪定位监控防盗系统是利用电波在波朗管地图上显示被盗车位置并向警方报警的追踪装置。设跟踪定位监控防盗系统，需有关单位专门设立这样一套机构和一套专用的设备，并需24小时不间断地监视，否则，即使安装了电子跟踪定位监控防盗系统，也起不到防盗作用。

下面重点讲三种电子防盗系统。

1）钥匙控制式

钥匙控制式防盗系统作用原理是：驾驶员将车门锁住的同时接通了电子防盗系统电路，电子防盗系统开始进入工作状态。一旦有窃贼非法打开车门，电子防盗系统一方面用喇叭报警求救，另一方面切断点火系统电路，使发动机不能起动，于是起到了防盗报警的作用。电子钥匙编码控制装置，靠带编码的点火钥匙来控制汽车发动机的起动，以达到防止汽车被盗走的目的。它主要由身份代码的点火钥匙、编码器构成的控制器和发动机控制单元等组成。带编码的点火钥匙中镶有电阻管芯，在电阻管芯内设有身份代码（电阻值）。点火锁筒内存储有代码，当插入的钥匙与存储的代码不符，即电阻值不符合点火锁内存储的电阻值时，点火系统的电路就不能接通，从而起到了防盗作用。

2）电子密码式

防盗器的电子密码就是开启防盗器的钥匙。它一方面记载着防盗器的身份代码，区别各个防盗器的不同；另一方面，它又包含着防盗的功能指令码、资料码，开启或关闭防盗器，控制完成防盗器的一切功能。根据密码发射方式的不同，遥控式汽车防盗器主要分为定码防盗器和跳码防盗器两种。早期防盗器多采用定码方式，但由于其易被破译，现已逐渐被技术上较为先进、防盗效果较好的跳码防盗器所取代。下面就两种不同类型防盗器的原理、特点等分别加以介绍。

（1）定码防盗器。早期的遥控式汽车防盗器是主机与遥控器各有一组相同的密码，遥控器发射密码，主机接收密码，从而完成防盗器的各种功能，这种密码发射方式称为第一代固定码发射方式（简称定码发射方式）。定码发射方式在汽车防盗器中的应用并不普及，当防盗器用量不多即处于一个初期防盗器应用市场时，其防盗器的安全性和可靠性还有所保证。但对于一个防盗器使用已成熟的市场而言，定码方式就显得既不可靠又不安全了，原因有三：

①密码量少，容易出现重复码，即发生一个遥控器控制多部车辆的现象。

②遥控器丢失后，若单独更换遥控器极不安全，除非连同主机一道更换，但费用过高。

③安全性差，密码易被复印或盗取，从而使车辆被盗。

（2）跳码防盗器。定码防盗器长期以来一直存在密码量少、容易出现重复码且密码极易被复制盗取等不安全问题，因此跳码防盗器应运而生，其特点如下：

①遥控器的密码除身份代码和指令码外，多了跳码部分。跳码即密码依一定的编码函数，每发射一次，密码随即变化一次，密码不会被轻易复制或盗取，安全性极高。

②密码组合达上亿组，从根本上杜绝了重复码。

③主机无密码。主机通过学习遥控器的密码，实现主机与遥控器之间的相互识别。若遥控器丢失，可安全且低成本地更换遥控器，无后顾之忧。

3）遥控电子式

这种电子防盗系统广泛应用于许多原厂配置防盗系统的汽车上。遥控电子防盗系统是利用发射和接收设备，通过电磁波或红外线来对车门进行锁止或开启的，也就是控制防盗系统进行防盗值班或解除。

遥控电子防盗系统种类繁多，常见的有电磁波遥控电子防盗系统和红外线控制防盗系统。遥控电子防盗系统在夜间无须灯光帮助就能方便快捷地将车门锁止或开启。一套完整的遥控汽车防盗器应由下面几个部分组成：

①主机部分，它是防盗器的核心和控制中心。

②感应侦测部分，它可由感应器或探头组成，普遍使用的是振荡感应器，微波及红外探头应用极少。

③门控部分，包括前盖开关、门开关及行李舱开关等。

④报警部分，即喇叭。

⑤配线部分。

⑥其他部分，包括不干胶、螺钉及继电器等配件、使用说明书及安装配线图等。

3. 防盗系统电路工作原理

防盗系统主要由电子模块、触发继电器、报警继电器、起动中断继电器、门框侧柱开关以及门锁开关等组成。如图 5 -1 -1 所示，当把自动门锁开关置于 LOCK 位置时，关闭车门，系统进入防盗准备状态。这时如有人打开车门或由行李舱拉出锁筒，防盗电路就会启动：扬声器发出声响，尾灯、顶灯、外灯等发光；同时接通起动中断电路，阻止发动机起动。

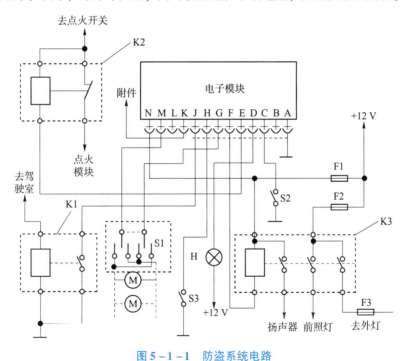

图 5 -1 -1　防盗系统电路

K1—触发继电器；K2—起动中断继电器；K3—报警继电器；F1，F2，F3—熔断器；
H—指示灯；S1—门锁电动机开关；S2—后行李舱开关（当锁筒拉出时闭合）；S3—门锁开关

如图 5 -1 -2 所示，电子模块的 G 端子连接到自动门锁的"锁定"电路，M 端子连接到自动门锁的"开锁"电路。左、右门锁开关接于模块的 H 端子，当车门关闭时，此开关打开。

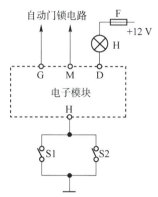

图 5 - 1 - 2　防盗系统门锁开关及指示灯电路

报警指示灯连接在电源和模块 D 端子间，只要 D 端子（模块动作时）搭铁，灯就点亮，它的作用是用来提醒驾驶员防盗系统各部分的工作状态。当系统处于防盗准备状态时，左车门打开时的电流方向如图 5 - 1 - 3 所示。

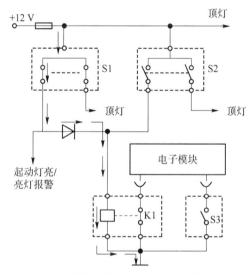

图 5 - 1 - 3　防盗系统在左车门打开时的电流方向

电流从电源经左车门框侧柱开关及二极管再经过触发继电器线圈后搭铁，触发继电器吸合，使模块的 J 端子搭铁后亮灯，防盗系统工作开始。

当右车门打开时，右车门框侧柱开关闭合，触发继电器吸合，也使模块的 J 端子搭铁。由于二极管的单向导电性能，电流不能通过二极管和亮灯防盗系统，所以亮灯防盗只有在打开左车门时才起作用。

驾驶员要想让防盗系统进入准备状态，就按以下步骤进行操作：

（1）关掉点火开关，使电子模块 K 端子失去电压。

（2）打开车门，借以闭合车门框侧柱开关，使蓄电池电压加到触发继电器线圈，使其动作，把模块 J 端子搭铁，J 端子搭铁后引进模块 D 端子断续搭铁，使与其相连接的指示灯闪烁，提醒驾驶员系统没有进入防盗准备状态。

（3）将自动门锁开关置于锁定位置，将蓄电池电压加到模块 G 端子，使模块 D 端子稳定搭铁,指示灯一直点亮。

(4)关闭车门,借以打开车门框侧柱开关,触发继电器失压释放,J端子不再搭铁,使指示灯2 s后熄灭,此时系统进入防盗准备状态。

当系统进入防盗准备状态后,如有人擅自开门,报警继电器工作,启动声、光系统报警,并由起动中断电路阻止发动机起动。防盗执行电路如图5-1-4所示。防盗电路在准备状态擅自打开车门时触发模块,使报警继电器线圈F端子搭铁,继电器吸合,接通扬声器、前照灯及外灯电路报警,同时起动中断电路,阻止发动机起动。

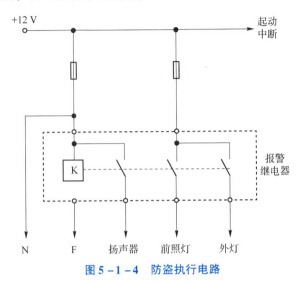

图5-1-4 防盗执行电路

防盗系统准备状态的解除有两种情况:一是在关闭车门以后,车门必须用钥匙打开。在用钥匙打开车门时,锁筒开关闭合,使模块H端子搭铁,系统防盗准备状态随即解除;二是驾驶员关门之前想要解除准备状态时,可将自动车门锁置于开锁位置,供电给模块M端子,解除系统防盗准备状态。也可利用点火开关转到ACC或RUN位置,此时电源电压经点火开关加到模块K端子,使系统防盗准备状态解除。

🌼 5.2 智能终端系统

伴随着半导体芯片计算能力的提升、3G通信网络的完善,以及移动互联网的广泛应用,传统汽车电子产业也面临技术与市场商业模式的升级。车载电子作为除手机、平板电脑、电视机外的"第四屏",受到芯片厂商、移动运营商、系统设备厂商和软件平台服务商的高度关注。特别是在内置3G通信模块后,车联网的迅速发展为智能车载终端开拓了更多的应用和服务。

车联网车载智能终端可以以目前技术成熟的ARM芯片为核心,采用ARM系列产品,处理器芯片采用三星Exynos4412,它的主频设定为1.4 GHz。系统的外围电路主要包括接口电路与处理器的连接,通过PCB设计完成。外围电路主要包括3G/4G网卡、LCD屏、扬声器,另外还包括GPS/北斗接收器与摄像头等,可以满足车联网智能终端的功能需求。

车联网技术要求汽车对周围的环境有一个全面的判断,提前感知潜在危险因素。传统的智能终端首先要对汽车自身运行状况进行充分的监测,对汽车的车速、发动机转速、车道方面的信息进行上传,通过云处理,为平台提供真实的数据,确保信息处理中心基于准确的信息进行判断并发送相应的服务信息。另外，现代智能终端需要结合车辆以外的环境进行感知并进行上传。

对于目前的车联网智能终端产品（图 5 – 2 – 1）来说，最基础和最核心的需要是满足七大功能。

图 5 – 2 – 1　车联网智能终端产品

第一是对汽车与前后车辆间的距离进行判断测量，设置安全距离。当距离低于安全距离时，系统会进行自动预警，提醒驾驶员注意，避免过近的距离造成追尾。

第二是数据的先期处理。车载终端能够对汽车的 GPS/北斗信息、采集到的图像信息进行预处理，这其中主要包括对图像压缩编码的处理与 GPS/北斗信息的准确校正。

第三是进行数据与控制中心的上传。目前数据主要有两种形式，即媒体流与指令流。前者主要包括图像流与音频流，后者主要包括车载智能终端的登录信息、车辆自身的运行等信息流。

第四是语音呼叫。驾驶员在遇到特殊情况时，多是采用另外的非车载通信工具进行呼叫，而通过车载系统时，驾驶员可以在极短的时间内仅仅触动汽车的一个按键，就可以发出呼叫指令，车载终端会将车辆的位置信息与图片进行上传，控制中心则会与救援中心高效联系，大大提升救援效率。

第五是行车周围环境信息的采集。车载终端能够对天气情况、周围的车辆信息进行实时提取，天气情况与车辆信息主要是由控制中心通过某传输途径进行发布。来源则是 GPS 位置的天气预报机构或者 3G/4G 网络。

第六是车辆的定位与轨迹回收。控制中心或监控终端能够对某车辆的实时位置进行图像查看，并可以对车辆的运行轨迹进行回放监控，大大提高责任追溯，协助公安机关进行特定信息采集。

第七是现场的图像显示。目前在一些控制中心已经可以实现对某一车辆的现场图片查看，系统需要将这些信息传输到监控终端中实现信息共享。

智能网联汽车是指单车智能融合现代通信与网络技术，使车辆具备复杂环境感知、决策与控制功能，能综合实现安全、节能、环保及舒适行驶的新一代智能汽车。

智能网联汽车＝单车智能化＋车联网，是汽车产业技术发展方向和智能交通系统的核心（图 5 - 2 - 2）。

单车智能与车联网两条路径缺一不可，二者结合发展共同构建智能网联汽车，而车联网是实现智能网联的核心技术。

图 5 - 2 - 2　智能网联汽车

车内网（图 5 - 2 - 3）是指基于成熟的 CAN/LIN 总线技术建立一个标准化整车网络，CAN/LIN 总线集成技术具备突出的可靠性、实时性和灵活性，可有效提升汽车的整体性能。

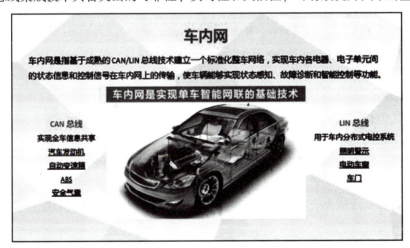

图 5 - 2 - 3　车内网

CAN/LIN 总线技术使车内智能传感器连接汽车上的有线和无线设备，更好地实现汽车"安全、娱乐、节能"三大功能。

2015 年，发达国家的客车和重卡总线装配率已达 100%，国内客车 CAN 总线装配率约 40%，重卡 CAN 总线装配率仅 10%，国内 CAN/LIN 总线渗透率具备巨大提升空间。

参 考 文 献

［1］古永棋，张伟. 汽车电器及电子设备［M］. 重庆：重庆大学出版社，2004.

［2］舒华. 汽车电器维修入门［M］. 北京：金盾出版社，2017.

［3］熊新，张国方. 汽车电器设备与维修技术［M］. 长沙：中南大学出版社有限责任公司，2016.

［4］姜龙青，崔庆瑞，孙华成. 汽车维护与保养一体化教程［M］. 北京：机械工业出版社，2019.

［5］周学斌. 汽车电器基础［M］. 武汉：华中科技大学出版社，2015.

［6］李伟，王军，刘强. 全程图解新款汽车电器维修［M］. 北京：机械工业出版社，2015.

［7］Rehtanz C，Horenkamp W，Rolink J. Communication of Electric Vehicles［M］// Encyclopedia of Automotive Engineering. Online，John Wiley & Sons，Ltd. ，Australia，2014.

［8］Marcel Walch，Kristin Lange，Martin Baumann，etc. Autonomous Driving：Investigating the Feasibility of Car – Driver Handover Assistance［C］// Proceedings of the 7th International Conference on Automotive User Interfaces and Interactive Vehicular Applications（AutomotiveUI'15），ACM，2015.

［9］H. G. Düsterwald，J. Günnewig，P. Radtke. DRIVE – The Future of Automotive Power：Fuel Cells Perspective［J］. Fuel Cells，2007，7（3）：183 – 189.

［10］丁磊. 汽车电器维修专业理实一体化课改的探索与实践［J］. 职业，2019（19）：96 – 97.

［11］薛隆海. 浅谈大众车系电路图识读方法与技巧［J］. 内燃机与配件，2019（11）：216 – 218.

［12］王东升. 汽车电器系统电路故障的解决方法研究［J］. 南方农机，2019，50（08）：143.

［13］曹科. 《汽车电器设备与维修》实训课程资源库建设与实施研究［J］. 汽车与驾驶维修（维修版），2018（12）：100 – 101.

［14］郝亮，郑利民，杜宪峰. 汽车电器设备课程考试方法改革［J］. 辽宁工业大学学报（社会科学版），2018，20（06）：123 – 125.

［15］郁潮海. 总线技术在汽车电气系统中的应用研究［J］. 时代汽车，2018（11）：

19 – 20.

[16] 马兰. 电子控制技术在汽车电器设备中的应用 [J]. 数字通信世界, 2018 (11): 182.

[17] 方晓汾. 基于 STEAM 的高职院校新能源汽车专业课程体系建设 [J]. 教育现代化, 2019, 6 (01): 88 – 92.

[18] 方晓汾. 高职院校新能源汽车专业学生综合能力评价研究 [J]. 教育现代化, 2018, 5 (36): 166 – 168 + 177.

[19] 郑丽辉, 方晓汾. 汽车电工电子技术课程的教学改革研究 [J]. 时代农机, 2017, 44 (04): 155 – 156.

彩　插

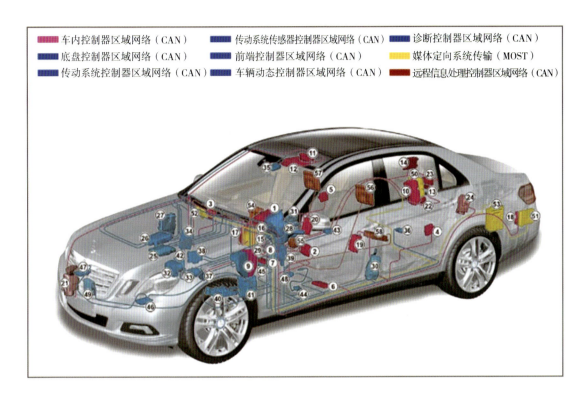

图 3 – 2 – 2　奔驰新款 E 级轿车 W121 的整车网络

（奔驰新款 E 级轿车 W212 包含的总线技术有：CAN、LIN、MOST，共有 58 个 ECU）

图 4 – 1 – 1　博世首个驾驶员辅助系统在吉利汽车量产(中国)